AF465936

RECHERCHES

SUR LA

NAVIGATION AÉRIENNE

ESSAI DE COMPARAISON

ENTRE LES PRINCIPAUX SYSTÈMES

PAR

A. DUROY DE BRUIGNAC

INGÉNIEUR DES ARTS ET MANUFACTURES

PARIS

LIBRAIRIE POLYTECHNIQUE

DE J. BAUDRY, ÉDITEUR

15, RUE DES SAINTS-PÈRES, 15

—

RECHERCHES

SUR LA

NAVIGATION AÉRIENNE

Paris. — Imprimerie Viéville et Capiomont, rue des Poitevins, 6.

RECHERCHES

SUR LA

NAVIGATION AÉRIENNE

ESSAI DE COMPARAISON

ENTRE LES PRINCIPAUX SYSTÈMES

PAR

A. DUROY DE BRUIGNAC

INGÉNIEUR DES ARTS ET MANUFACTURES

PARIS

LIBRAIRIE POLYTECHNIQUE

DE J. BAUDRY, ÉDITEUR

15, RUE DES SAINTS-PÈRES, 15

1875

RECHERCHES

SUR LA

NAVIGATION AÉRIENNE

ESSAI DE COMPARAISON

ENTRE LES PRINCIPAUX SYSTÈMES(*)

La première idée de ce travail était seulement de chercher à faire un choix entre les principaux systèmes d'aéronautique afin de simplifier les recherches, et pour cela d'établir entre eux, s'il se pouvait, une comparaison méthodique. Chemin faisant, j'ai rencontré certains résultats qui m'ont paru d'un intérêt plus général, et peut-être même de nature à conduire à une solution de l'aéronautique. On en jugera, et surtout l'expérience montrera ce qu'ils auraient en effet de pratique. Quoi qu'il en soit, j'ai cru utile de les exposer, non pas comme complets et suffisants, mais afin d'appeler l'étude et l'expérimentation. Mon but sera atteint si je réussis à apporter quelque clarté nouvelle dans ce difficile sujet.

Ce qui importe, — en présence du peu de faits acquis jusqu'à présent en aéronautique, — c'est de n'attribuer aux calculs que leur portée réelle, de bien voir ce qu'ils conservent d'incertain, et de ne pas y chercher une théorie définitive que les éléments recueillis ne permettent pas d'établir ; il convient aussi de ne pas méconnaître ce qu'ils auraient de vraisemblable et de conforme aux faits. Tout ce qui suit devra rester sous le bénéfice de ces premières réserves, qui se représenteront plus clairement au cours de l'étude.

Mais, peut-on objecter, lorsque les expériences font défaut au point où cela est aujourd'hui, n'est-ce pas encore trop tôt pour essayer un calcul, et ne vaudrait-il pas mieux s'en abstenir de peur d'introduire des idées inexactes? Cette objection nous semblerait exagérée en ce

(*) Ce qui suit est la reproduction, expliquée et développée en quelques endroits, d'une note remise à la Société des Ingénieurs civils, le 19 novembre 1874 ; elle a été présentée verbalement le 5 mars 1875, et discutée le 1er octobre.

qu'ell. écarte tout ce qui n'est pas expérimentation pure, et proscrit les recherches spéculatives dont l'avantage est précisément de guider les expériences et de restreindre le champ du tâtonnement. Sans doute, les recherches théoriques incomplètes risqueraient de semer des idées fausses si on ne les accueillait pas avec circonspection; mais, bien comprises, elles n'ont plus ce danger et peuvent épargner beaucoup de temps. Cette considération nous a décidé à présenter ce travail, malgré qu'il ne soit qu'une exploration partielle faite dans des conditions inévitablement très-imparfaites. D'ailleurs, au point où en est l'aéronautique, il nous a paru suffisant de classer clairement nos recherches, sans viser à une forme plus correcte, nécessaire seulement aux travaux définitifs.

Depuis cinq ans la question de l'aéronautique a attiré particulièrement l'attention.

Deux systèmes principaux sont en présence : 1° les appareils *plus légers que l'air*, ou aérostats, qui s'élèvent et se maintiennent en l'air par suite de leur faible densité, de sorte qu'il ne s'agit que de les diriger; 2° les appareils *plus lourds que l'air*, qu'il faut enlever, soutenir et diriger mécaniquement. Cette deuxième classe se partage elle-même en deux genres distincts : les *aéroplanes*, consistant essentiellement en un plan, mû par un propulseur quelconque, hélice ou autre, et soutenu par la résistance de l'air à son mouvement; et les appareils qui s'appliquent à imiter le plus exactement possible le vol des oiseaux.

Voici donc trois sortes d'appareils bien tranchées, ayant chacune ses partisans décidés. S'il était possible, à l'aide d'une comparaison méthodique, de faire un choix entre ces trois systèmes, il en résulterait une grande économie de temps et d'efforts. Tel est le but que s'est proposé ce travail.

Le premier système, qui est proprement l'aérostation dirigée, est représenté notamment aujourd'hui par l'appareil de M. Dupuy de Lôme. C'est un ballon de forme allongée afin de présenter moins de résistance au déplacement dans l'air; la propulsion s'obtient par une hélice, et la direction par une ou plusieurs voiles faisant gouvernail. L'hélice est portée par la nacelle en sorte que celle-ci *traîne le ballon;* il doit en résulter une dénivellation croissant avec la vitesse.

Le second système est généralement désigné sous le nom d'*aviation*. Sans rechercher ses premières expressions, il suffira de décrire sommairement deux appareils qui donnent assez bien l'idée du point où il en est.

Le premier appareil a été présenté il y a deux ans par M. Pénaud à la Société de navigation aérienne. Le petit modèle d'expérience dont il s'agit a parcouru en l'air une assez longue distance. Le propulseur est une hélice placée à l'avant. Sur son axe prolongé s'applique un plan léger en forme de parallélogramme rectangle dont les plus grands côtés sont parallèles à l'axe de l'hélice. Sur chacun de ces côtés formant charnière est articulée une aile de forme à peu près semi-elliptique, qui peut s'incliner relativement au plan du parallélogramme. L'avant des ailes est un peu relevé. Sur leur bord postérieur, terminé en ligne droite, sont fixés deux gouvernails, un pour chaque aile, articulés pour prendre l'inclinaison voulue. Dans cet appareil d'expérience, la rotation de l'hélice résulte de la torsion d'un fil en caoutchouc. M. Pénaud explique que la nacelle doit être placée immédiatement sous les ailes « en formant nervure. » On voit que le plan principal de l'appareil et les axes d'articulation des ailes sont dans le plan de l'axe de l'hélice motrice. Les ailes ayant une disposition symétrique, l'appareil ressemble à un grand papillon.

Le second appareil, qui ne diffère pas en principe du précédent, a été inventé par M. du Temple, député. Voici ses détails, tels qu'ils résultent du brevet. L'appareil a la forme d'un grand oiseau. Le corps est une nacelle à claires-voies semblable à un bateau pilote. Elle contient une machine à vapeur pour actionner l'hélice motrice. Celle-ci, placée en avant de la nacelle, a son axe comme reposant sur les bordages et dans le plan de symétrie. Les ailes sont en charpente légère et reliées solidement à la nacelle, sur laquelle elles reposent. Elles sont entièrement fixes et ne peuvent aucunement battre comme celles des oiseaux. Ainsi, les bordages de la nacelle, les ailes et l'axe de l'hélice, sont dans le même plan; rien en cela ne diffère essentiellement de l'appareil Pénaud. Il y a, à l'arrière, un gouvernail vertical et une « *queue* » horizontale articulée horizontalement. A terre, l'appareil porte sur trois pattes raboutées, munies de petites roulettes; elles sont disposées de façon à incliner l'appareil à 20°, l'arrière étant le plus bas. L'hélice a 4 mètres de diamètre et 12 branches; elle paraît couvrir les 2/3 de son cercle. L'envergure est de 12 mètres. Les ailes paraissent avoir environ 50 mètres carrés, la queue 12 mètres carrés, la nacelle 4 mètres carrés en plan. D'après l'auteur, « une force de 6 chevaux est nécessaire pour « entraîner l'appareil, pesant 1,000 kil., à une vitesse de 9 mètres par « 1″(*)... L'inclinaison de 20° de l'appareil est tout à fait facultative, et

(*) D'après les calculs exposés plus loin, les conditions réelles de cet aéroplane seraient les suivantes : sa surface étant d'environ 66 m. q., il lui faudrait, avec l'angle de 20°, une vitesse d'environ 32 mètres pour se soutenir, et le travail de translation serait environ 154 chevaux. Avec la vitesse de 9 mètres et le même angle de 20°, il faudrait pour le soutenir une surface d'environ 826 m. q., et le travail de translation serait d'environ 43 chevaux. En prenant un angle plus petit, le travail diminuerait malgré l'accroissement nécessaire de surface. Avec la même surface de 66 m. q. et un angle de 10°, il faudrait une vitesse de 62 mètres pour soutenir l'appareil, le travail serait d'environ 145 chevaux.

Ces chiffres, seulement indicatifs, sont néanmoins plutôt inférieurs à la vérité qu'exagérés. En effet, en discutant plus loin le degré de certitude des calculs, on reconnaîtra que les diverses rectifications à prévoir auraient pour effet d'accroître la résistance et le travail.

« varie avec la vitesse ou la force d'impulsion qu'on a à sa disposition.
« Suivant les appareils, l'angle favorable est compris entre 3, 35 et 40°. »

La suite de cette étude montrera en quoi ces appareils nous semblent défectueux. Disons dès maintenant que leur vice théorique principal nous paraît être d'avoir l'axe moteur parallèle au plan aviateur; rien, d'ailleurs, n'assure leur équilibre. En outre, aucun moteur connu n'approche de la légèreté nécessaire pour les rendre possibles à une vitesse convenable.

Le troisième système, qui s'applique à reproduire le plus exactement possible le vol des oiseaux, est encore surtout à l'état théorique, et n'a pas produit, à ma connaissance, d'appareil complet. Du reste, rien n'est plus facile que de se représenter sa tendance. La pensée de ce système est que, les moteurs animaux donnant des résultats excellents, le mieux serait de les copier le plus fidèlement possible. On verra plus loin ce qui en est.

L'ordre logique des recherches, pour établir une comparaison entre ces systèmes, serait le suivant : 1° Quels sont les principes du vol et en quoi consistent essentiellement ses organes? 2° Quel doit être, en conséquence, le meilleur système d'aéronautique? 3° Examen comparatif des principaux appareils proposés.

Mais cet ordre, qui est en effet celui des recherches, se prête mal à une exposition claire et nécessite de fréquentes interversions. Nous donnerons donc la préférence à la marche que voici :

1° De la translation d'un plan dans l'air;

2° Examen comparatif des principaux systèmes;

3° Étude du vol;

4° Conclusion (*).

(*) Dans ce qui suit, je n'ai pas la prétention de ne présenter que des aperçus nouveaux; plusieurs sont connus. Mais il serait beaucoup trop long de rechercher les antériorités, et même de signaler celles qui se présentent à la mémoire. Je rends volontiers hommage à chacun pour ce qui lui appartiendrait dans ce travail, même à mon insu. Seulement, pour être exact, je dirai que je n'ai vu nulle part les calculs que j'expose, ni de théorie suffisante du vol des oiseaux.

I

De la translation d'un plan dans l'air.

L'action de l'air sur un plan en mouvement, non-seulement importe pour les aéroplanes, mais paraît être l'élément de son action sur toutes sortes de surfaces. Il convient donc de s'en occuper d'abord.

Nous admettrons que la pression de l'air sur un plan dépend seulement de leur vitesse *relative*, quelles que soient la vitesse absolue de l'air et celle du plan.

Tout ce qui suit se rapporte à une translation horizontale du plan et à une direction horizontale du vent. Les autres cas s'y ramèneraient aisément.

Si un plan plus lourd que l'air, horizontal et conservant cette direction, est abandonné en l'air, il tombera nécessairement, même s'il est animé d'une vitesse horizontale quelconque, car rien, dans ces conditions, ne peut annuler l'effet de la pesanteur. Par conséquent, pour qu'un plan plus lourd que l'air s'y soutienne, il doit être oblique et animé d'une certaine vitesse horizontale (*).

Pour connaître la résistance de l'air à la translation d'un plan oblique à la direction de cette translation, nous admettrons qu'il suffit de connaître cette résistance pour la translation, à la même vitesse, d'un plan normal à son mouvement, et d'appliquer à cette résistance, dite « normale, » un certain coefficient.

Le coefficient que nous adopterons pour cela est celui du *sinus carré.* Nous en donnerons un calcul général, conduisant à deux propositions utiles relatives au travail.

La loi du sinus carré n'est pas tout à fait vraie, d'abord parce que les expériences, même sur de petites surfaces, ne la confirment pas exactement; ensuite, parce que sa démonstration suppose deux hypothèses qui ne peuvent pas être rigoureusement vraies, savoir : que le frottement de l'air sur la surface est nul, et que l'air agit toujours comme au premier instant de son contact avec le plan, c'est-à-dire qu'il n'y a ni remous ni courants déterminés par la rencontre du corps, qui modifient l'action de l'air affluent.

Nous admettrons néanmoins cette loi pour la recherche qui nous

(*) A défaut de ces conditions, il faudrait que le plan fût soutenu par une force ascendante. En général, un plan pesant mobile dans l'air calme, animé d'une vitesse parallèle à une trajectoire autre que la verticale, ne se maintiendra sur cette trajectoire que s'il lui est oblique ou subit l'action d'une force non parallèle à la trajectoire.

occupe parce que, dans ce cas, ses hypothèses fondamentales paraissent suffisamment exactes. En voici les motifs.

En premier lieu, nous croyons le frottement de l'air très-faible, et par conséquent négligeable, pour les surfaces bien lisses, telles qu'il serait essentiel de les faire pour l'aéronautique. Il s'agit ici, comme on le verra, du frottement de l'air courant parallèlement à la surface, c'est-à-dire indépendamment de toute pression oblique sur elle; c'est ce frottement que nous croyons insignifiant comparativement à la résistance directe de l'air. Cette opinion paraît appuyée par diverses observations, notamment par le vol des oiseaux; en étudiant directement celui-ci, comme en essayant d'y appliquer les calculs donnés plus loin, il ne semble pas que le frottement y intervienne sensiblement. L'eau fournit aussi une analogie dans le même sens; une lame mince, large et tranchante, qui présente une très-grande résistance au mouvement latéral dans l'eau, n'en offre pas une appréciable au mouvement, même très-rapide, dans le sens tranchant.

En second lieu, nous croyons admissible, pour le genre d'exploration dont il s'agit, que l'air survenant pénètre ou pousse l'air refoulé de façon à agir comme une force isolée(*). Voici les divers motifs qui nous conduisent à cette hypothèse plus simple. Elle paraît sensiblement vraie dans le cas du vol. Elle le paraît aussi, pour des surfaces de moyenne étendue, aux vitesses modérées qui semblent convenir à l'aéronautique. Si, pour les grands plans, l'hypothèse était reconnue trop inexacte, il peut y avoir des moyens de conserver l'effet exercé sur les petits plans, c'est-à-dire de rendre nos calculs toujours applicables; c'est là un ordre de corrections pratiques de la plus grande importance, sur lequel nous reviendrons(**). Cette supposition paraît suffire à la comparaison des systèmes qui est le but de cette étude, et d'ailleurs les éléments manqueraient aujourd'hui pour un calcul exact. Elle suggère des indications utiles pour les expériences et les essais. Les résultats principaux qu'elle fournit paraissent devoir rester vrais dans tous les cas, ainsi que nous l'expliquerons tout à l'heure, c'est-à-dire subsister dans les formules exactes qui tiendraient compte de tous les éléments. Au cours de l'étude, l'occasion se présentera de revenir sur ces bases et d'en apprécier la vraisemblance et l'utilité.

(*) Cette hypothèse n'est pas rigoureusement vraie, avons-nous dit, et des expériences l'indiquent. Si on laisse tomber obliquement un carré de carton léger, il descend en oscillant, de manière à porter alternativement en bas deux arêtes opposées. Cela tient évidemment à ce que le centre de pression est plus bas que le centre de figure, ce qui paraît devoir résulter du courant d'air établi parallèlement au plan. Les expériences de M. Athanase Dupré l'ont également fait voir. (*Annales de Chimie et de Physique*, janvier 1865.)

(**) Le genre de corrections consistant, non pas à mesurer le déplacement du centre de pression pour en tenir compte, mais à s'y opposer autant que possible, nous paraît le seul satisfaisant, parce que ce déplacement exige un accroissement proportionnel de surface, c'est-à-dire de poids mort, purement nuisible.

Soient : oo' un plan oblique rectangulaire, ayant dans le sens ba une vitesse horizontale v relative au vent ; p son poids ; c son plus petit côté ; $S = nc^2$ sa surface ; α son angle d'obliquité sur l'horizontale, autrement

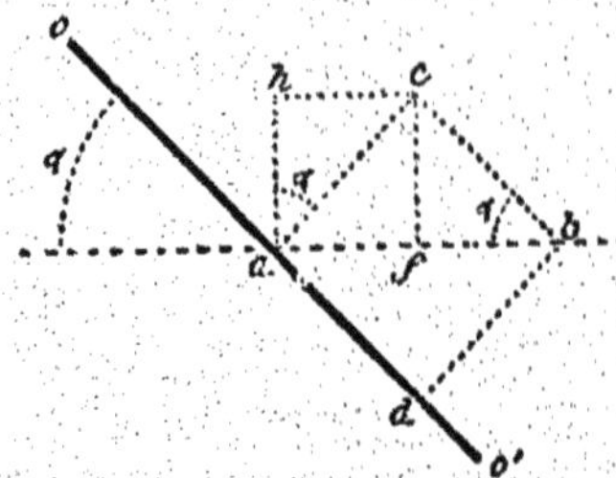

dit l'angle d'incidence du vent sur le plan ; P la pression du vent, à la vitesse v, sur toute la surface normale à sa direction interceptée par le plan, autrement dit sur la projection verticale du plan normalement au vent ; p_n cette même pression du vent par mètre carré de surface verticale ; T le travail de translation du plan par 1″ à la vitesse v : p_n est une donnée expérimentale.

Représentons P par ab agissant en un seul point ; elle est dirigée comme le vent, c'est-à-dire horizontale. Lorsque $ab = P$ rencontre le plan oblique, elle se décompose en ac normale au plan et ad parallèle. Par suite des hypothèses de l'absence de frottement et de la pénétrabilité de l'air dévié, cette composante parallèle ad est de nul effet au point de vue de la résistance à la translation du plan, et elle doit disparaître de son calcul. La seule force qui subsiste pratiquement est la composante ac normale au plan. Pour étudier l'équilibre vertical, et la résistance de translation horizontale, il faut envisager les deux composantes de ac, l'une ah verticale, l'autre af horizontale. Dans le cas d'équilibre vertical, c'est-à-dire celui où la pression du vent soutient le plan sans l'élever, on a $ah = p$.

On comprend que l'équilibre du plan a lieu entre ac, la seule action du vent qui subsiste à l'égard du plan ; p son poids ; et une force de propulsion, égale et opposée à af_1 dont le plan est animé (*).

(*) D'après cette décomposition des forces, il semble que toute pression oblique contribue par sa composante normale au plan à former la résultante $ac = p_n . S . \sin^2 \alpha$, et que le frottement est indépendant de cette résultante normale et ne provient que du courant d'air parallèle au plan ; il serait donc fonction de la vitesse du courant d'air dans le sens ad, et de la *tension* de ce courant affectée d'un coefficient ; celui-ci résulte de l'adhérence des molécules d'air sur la surface du plan et les unes sur les autres. La tension ou pression hydrostatique du courant ad à son intérieur paraît devoir être faible, si l'on en juge par le peu d'effet de friction sur une surface d'un vent qui lui est rigoureusement parallèle, et par quelques faits déjà observés à cet égard. D'ailleurs le coefficient de frottement de l'air paraît devoir être très-faible pour les surfaces lisses. On sera d'avis, croyons-nous, après la lecture de cette note, que si le frottement de l'air sur des surfaces lisses était notable, relativement à la pression normale, même pour de très-petits angles d'incidence, le vol des oiseaux serait impossible dans les conditions où il a lieu.

D'après les hypothèses indiquées, la figure et l'équation générale du travail, il est aisé de voir que l'on a, entre les diverses quantités, les équations suivantes :

$$(1)\qquad P = p_n\, S \sin \alpha.$$

$$(2)\qquad p = ah = P \sin \alpha \cos \alpha = p_n\, S \sin^2 \alpha \cos \alpha$$

$$af = P \sin^2 \alpha = p_n\, S \sin^3 \alpha.$$

$$(3)\qquad T = p_n\, S \sin^3 \alpha\, v = p\, v \frac{\sin \alpha}{\cos \alpha}.$$

En outre l'expérience donne sensiblement, pour les pressions p_n et p_n' correspondant aux vitesses v et v' :

$$(4)\qquad \frac{p_n}{p_n'} = \frac{v^2}{v'^2}.$$

De l'équation (3) résulte que *le travail de translation dans l'air est proportionnel au cube du sinus de l'angle d'incidence du vent.*

Les équations (3) et (4) combinées indiquent que ce travail est proportionnel à la surface, au cube de la vitesse du vent et au cube du sinus de son angle d'incidence (*).

L'équation (2) répond à l'équilibre du plan, c'est-à-dire au cas où la pression de l'air le soutient à la même hauteur. Pour $p < p_n\, S \sin^2 \alpha \cos \alpha$ le plan s'élèverait; au cas contraire il descendrait.

D'après cette remarque et l'équation (4) on voit que, pour que le plan monte ou descende, il suffit d'accroître ou de diminuer la vitesse correspondant à l'équation (2).

Évidemment, ce qui vient d'être dit d'un plan géométrique isolé de poids p s'applique à un aéroplane de poids total p, pour lequel on ne considérerait pas d'autre résistance à la translation que celle de son plan aviateur de surface $S = nc^2$.

Ordinairement les données sont p et p_n, et le minimum de S a lieu pour $\alpha = 54° 44'$, correspondant au maximum de $\sin^2 \alpha \cos \alpha$ (**). Si S était moindre, le plan ne pourrait se soutenir qu'en augmentant p_n,

(*) Euler a indiqué une loi semblable pour l'effet des moulins à vent (*De constructione molarum alatarum*, *Nouveaux Commentaires de Pétersbourg*, 4e vol., 1752). Seulement la formule est plus compliquée par suite des données de la question.

(**) Pour $y = \sin^2 x \cos x$, $dy = \sin x\,(2 \cos^2 x - \sin^3 x)\, dx$; $\frac{dy}{dx}$ devient nul pour $\sin x = o$ correspondant à $x = o$, et pour $2 \cos^2 x - \sin^2 x = o$, correspondant à $\operatorname{tg} x = \sqrt{2}$, $\cos x = \frac{1}{\sqrt{3}}$, et $\sin x = \sqrt{\frac{2}{3}}$.

ce qui s'obtient, comme l'indique l'équation (4), par un accroissement de vitesse.

Bien qu'en général l'appareil soit d'autant plus léger que le plan aviateur est plus petit, la considération du travail de translation conduit à préférer des angles bien moindres que 54°, comme on le verra plus loin.

L'équation (3) conduit à une comparaison importante entre deux aéroplanes donnés, ou entre les situations différentes d'un même aéroplane.

Soit un plan pesant, de poids p et de surface S, marchant à une vitesse v correspondant à une pression p_n, sous un angle α au plus égal à 54° 44′, et en équilibre vertical, c'est-à-dire satisfaisant à l'équation (2). Supposons qu'on le fasse passer à la vitesse $v' > v$ à laquelle correspondra une résistance p_n' ; on aura $p_n' > p_n$, puisque $p_n' = p_n \frac{v'^2}{v^2}$. Pour que l'équation (2) soit encore satisfaite dans ce cas, c'est-à-dire que le plan reste soutenu au même niveau, il faudra évidemment que l'on ait $\sin^2 \alpha' \cos \alpha' < \sin^2 \alpha \cos \alpha$; or cette condition implique $\alpha' < \alpha$, puisque la fonction $\sin^2 x \cos x$ n'a ni maximum ni inflexion verticale entre $x = 54° 44'$ et $x = o$. Si maintenant on cherche le rapport des travaux dans les deux cas dont il s'agit, T′ correspondant à v' et T à v, on posera identiquement d'après l'équation (3) :

$$\frac{T'}{T} = \frac{p_n' \, S \sin^3 \alpha' \, v'}{p_n \, S \sin^3 \alpha \, v} = \frac{p_n' \sin^3 \alpha' \, v'}{p_n \sin^3 \alpha \, v}.$$

Or le poids du plan et sa surface ne changeant pas, on a d'après l'équation (2) :

$$p_n' \sin^2 \alpha' \cos \alpha' = p_n \sin^2 \alpha \cos \alpha, \quad \frac{p_n'}{p_n} = \frac{\sin^2 \alpha \cos \alpha}{\sin^2 \alpha' \cos \alpha'}.$$

Cette valeur et l'équation (4) donnent :

$$\frac{v'}{v} = \frac{\sqrt{p_n'}}{\sqrt{p_n}} = \frac{\sin \alpha \sqrt{\cos \alpha}}{\sin \alpha' \sqrt{\cos \alpha'}}.$$

Remplaçant $\frac{p'^n}{p_n}$ et $\frac{v'}{v}$ par ces valeurs dans le rapport $\frac{T'}{T}$, et réduisant, il vient :

$$\frac{T'}{T} = \frac{\cos \alpha \sqrt{\cos \alpha}}{\cos \alpha' \sqrt{\cos \alpha'}} \tag{5}$$

Ce qui montre que : *moyennant que l'angle d'un plan pesant se mouvant dans l'air soit maintenu au minimum nécessaire pour porter son poids, le travail de translation diminue à mesure que la vitesse augmente.*

Soient maintenant deux plans de même poids p, marchant à l, même vitesse v, et par conséquent avec la même pression résistante p_n, mais ayant des surfaces aviatrices différentes S et S', et marchant à des angles différents α et α'; S et α se rapportant au même plan. Si l'on suppose S' > S, il faudra, par le raisonnement indiqué au cas précédent, pour que l'un et l'autre plan soient en équilibre vertical, c'est-à-dire satisfassent à l'équation (2), que leurs angles diffèrent et que l'on ait $\alpha' < \alpha$, c'est-à-dire que le plan S' marche à un angle *plus fermé* que l'autre. Si l'on suppose que le plus grand angle α soit au plus égal à 54° 44', et que l'on cherche le rapport des travaux T et T' des plans, T étant le travail de S et T' celui de S', on obtiendra, par un calcul tout à fait semblable à celui du cas précédent :

$$(6) \qquad \frac{T'}{T} = \frac{\sin\alpha' \cos\alpha}{\sin\alpha \cos\alpha'}.$$

Ce rapport est plus faible que celui de l'équation (5). Il résulte de l'équation (6) que, à l'égard du travail de translation, *il y a avantage à faire les aéroplanes avec un plan aviateur aussi grand, et un angle aviateur aussi petit que possible.*

Pour les aérostats, ou tout corps dont la forme ne change pas relativement au vent, le travail de translation croît sensiblement comme le cube de la vitesse, car on a, en admettant l'équation (4) :

$$\frac{T'}{T} = \frac{k \pi r^2 p_n v}{k \pi r^2 p_n' v'} = \frac{v^3}{v'^3}.$$

k étant un coefficient constant dû à la forme sphérique.

On comprend que l'équation (5) ne pourrait s'appliquer exactement aux aéroplanes que si l'on négligeait toute autre résistance de translation que celle de leur surface aviatrice. En pratique, il faudrait tenir compte de la résistance de l'épaisseur du plan et des accessoires, qui croît à peu près comme le cube de la vitesse. Il s'en suit que tout appareil ou objet de forme donnée, tel qu'un aéroplane ou un oiseau, a un maximum de vitesse utile résultant de sa forme. Mais en deçà de ce maximum, le principe de l'équation (5) s'applique à un corps quelconque, c'est-à-dire que le travail diminue lorsqu'on augmente la vitesse en diminuant l'angle en conséquence, tant que la résistance des parties invariables n'arrive pas à compenser cet avantage.

Étant donnés les éléments relatifs à une certaine situation d'un aéroplane, v, p_n, α, on peut se proposer de calculer l'angle α' nécessaire au soutien de l'appareil pour une autre vitesse v', pour laquelle on connaît la pression normale p_n'. Pour exprimer que l'aéroplane sera en équilibre vertical dans l'un et l'autre cas, on posera d'après l'équation (2) : $p_n' \sin^2 \alpha' \cos \alpha' = p_n \sin^2 \alpha \cos \alpha$, c'est-à-dire $\sin^2 \alpha' \cos \alpha' = k$, équation de la forme $y^2 \sqrt{1 - y^2} = k$, ou bien $y^6 - y^4 + k^2 = 0$, qui, moyennant une extraction de racine carrée, revient à une équation du troisième degré.

Les équations précédentes, qui paraissent suffire à l'étude des aéroplanes dans les limites de l'hypothèse où la présente recherche est circonscrite, ne s'appliquent qu'à l'aéronautique d'un plan. Pour calculer, dans la même hypothèse, les conditions aéronautiques d'une surface quelconque, il suffira de savoir calculer pour elle la valeur de l'intégrale

$$\int ds \sin^3 \alpha;$$

car, dans ce cas, l'équation (3) devient

$$T = v\, p_n \int ds \sin^3 \alpha.$$

Nous nous bornerons à indiquer ce calcul pour une demi-sphère et un demi-fuseau.

Pour une demi-sphère de rayon R, l'angle d'incidence varie de 0 à 90°, la projection normale au vent de l'élément de surface est

$$ds \sin \alpha = \pi \left(\overline{r + dr}^2 - r^2\right), \text{ et } \sin \alpha = \frac{\sqrt{R^2 - r^2}}{R};$$

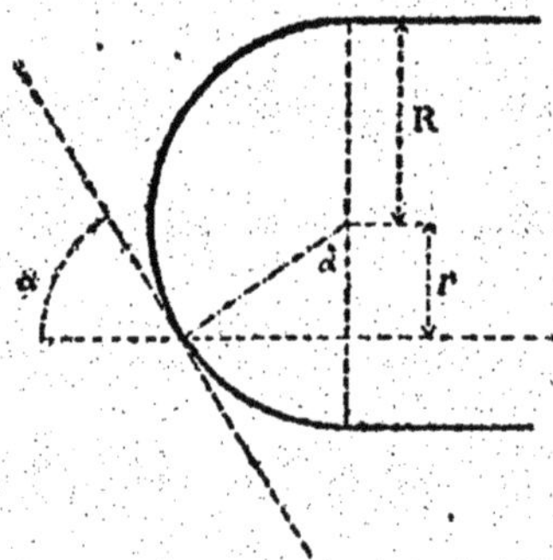

on aura donc :

$$\int_0^\alpha ds \sin^3 \alpha = \int_0^R \pi \left(\overline{r + dr}^2 - r^2\right)\left(\frac{\sqrt{R^2 - r^2}}{R}\right)^2 = \frac{1}{2} \pi R^2;$$

expression fort simple d'où il résulte que *la résistance à la translation d'une sphère est moitié de celle de son grand cercle* (*).

(*) On sait que Newton a démontré une proposition semblable par la géométrie (*Principes mathématiques*, II. XXXIV) ; mais il ne faudrait pas en tirer de conclusion pour ou contre la justesse pratique de ces formules, car tout dépend de l'hypothèse fondamentale. Newton fait la même qu'ici, en d'autres termes, à un point de vue tout à fait général, et sans s'occuper de question particulière.

Pour une calotte en demi-fuseau de diamètre $2R$, avec un rayon de courbure $R_1 = R + K$, l'élément de surface projeté normalement au vent est $\pi\,(\overline{r+dr}^2 - r^2) = 2\,\pi\,(r_1 - K)\,dr$, sin $\alpha = \frac{\sqrt{R_1^2 - r_1^2}}{R_1}$; et on a à prendre :

$$\int_K^{R_1} 2\,\pi(r_1 - K)\,dr\,\frac{R_1^2 - r_1^2}{R_1^2}.$$

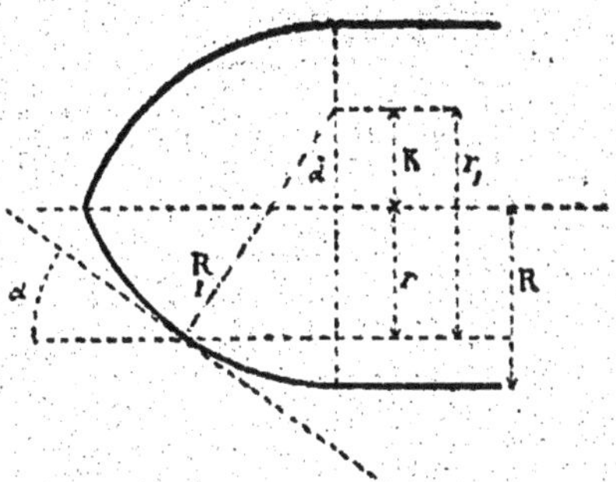

Dans le cas d'un demi-fuseau équilatéral ou $K = R$, on a :

$$\int_K^{R_1} 2\,\pi(r_1 - K)\,dr\,\frac{R_1^2 - r_1^2}{R_1^2} = \frac{7}{96}\,\pi\,R_1^2 = \frac{7}{24}\,\pi\,R^2,\ \text{environ}\ 1/3\ \pi\,R^2;$$

c'est-à-dire que *la résistance à la translation d'un demi-fuseau équilatéral égale les $\frac{7}{24}$ de celle de son grand cercle.*

Ces résultats sont utiles pour faire apprécier l'importance de la forme d'un appareil aéronautique, et guider dans sa construction; mais il ne faudrait pas s'attendre à ce que les coefficients ainsi calculés se réalisassent exactement en pratique. Indépendamment de l'hypothèse fondamentale admise ici, il y a des circonstances spéciales aux surfaces courbes qui donneraient probablement un effet pratique différent du calcul. M. Athanase Dupré a constaté, pour de grandes vitesses (*loc. cit.*), qu'une demi-sphère ou un demi-fuseau n'éprouvent la pression totale calculée que sur une portion de leur surface à partir du centre culminant; plus loin la pression cesse, et il se produit même une *aspiration*. Cela paraît dû à l'action d'une nappe d'air conique déterminée par le choc de la partie antérieure du projectile, comme on voit se former à l'avant de certains bateaux deux sillons d'eau faisant entre eux un angle moins aigu que celui de la proue.

Ainsi qu'il a été signalé au début, les calculs précédents dépendent de l'hypothèse qui leur sert de base. Néanmoins, nous pensons que non-seulement ils permettent l'étude comparative entre les systèmes dont il s'agit, mais en outre qu'ils sont de nature à fournir, pour les expériences et les essais, des indications utiles. En effet, dans l'hypothèse d'un frottement négligeable, que nous croyons convenir en pratique, les formules précédentes ne trouveraient-elles pas toujours leur application? Toute force, quelles que soient sa direction et sa composition, rencontrant une surface, ne se décomposera-t-elle pas comme il a été indiqué plus haut? Par suite, les formules résultant de cette décomposition ne lui seront-elles pas applicables? S'il en est ainsi pour chaque force, pourrait-il en être autrement de leur résultante totale, quelque compliquée que fût d'ailleurs la loi de sa formation? Il nous semble donc que la formule essentielle parmi celles indiquées plus haut, à savoir la *variation du travail inversement à la vitesse, dans certaines limites, moyennant l'angle minimum nécessaire au soutien de l'appareil*, doit être pratiquement vraie. Cette opinion semble même appuyée déjà par ce fait que les formules dont il s'agit s'accordent, si nous ne nous trompons, avec les phénomènes du vol et les expliquent. La suite de ces recherches éclaircira ces aperçus.

Parmi les influences que nos hypothèses simplifiées négligent, il en est une assez importante pour qu'il faille peut-être en dire quelque chose, c'est la résistance à la translation causée par les remous à l'arrière. Il n'y a pas d'expériences à ce sujet pour l'air, et il est douteux que celles faites pour l'eau puissent suffire en faisant intervenir la différence des densités de l'eau et de l'air. Cette difficulté ne paraît pas néanmoins s'opposer à la construction des appareils. La meilleure solution ne consiste pas, en effet, à tenir compte de cette résistance, mais à l'annuler en donnant aux appareils une *poupe* convenable, comme la forme des oiseaux et des poissons en fournit le conseil et l'exemple; car la résistance à l'arrière causée par les remous est purement nuisible, évidemment. Ainsi, un bon appareil devrait être conformé de façon à éviter les remous à l'arrière, et par là ses conditions aéronautiques se rapprocheraient des formules calculées en négligeant cette résistance. Il est d'ailleurs probable que celle-ci est implicitement comprise dans les quelques expériences déjà faites sur la résistance de l'air à la translation des surfaces, en sorte que les chiffres dont nous parlerons tout à l'heure s'appliqueraient exactement à cet égard, même à un appareil non pourvu de poupe, tel qu'un aéroplane.

II

Examen comparatif des principaux systèmes.

Pour l'examen que nous cherchons à faire, il suffira de comparer les éléments porteurs des appareils; car le reste, tel que la nacelle, peut être regardé comme pareil dans les divers systèmes, en sorte que sa résistance de translation, nécessaire à compter dans une étude d'exécution, n'a pas besoin d'intervenir lorsqu'il ne s'agit que de comparaison. Pour un semblable motif, nous regarderons les éléments porteurs comme des surfaces ou solides géométriques, laissant à une étude de construction les corrections à faire à ce sujet.

Le moyen de comparaison consistera à déterminer le travail à une même vitesse de divers appareils de même poids mais de formes différentes. Ce procédé ne laisserait rien à désirer si la résistance de l'air était constante pour la même étendue de surface placée sous le même angle, indépendamment de sa forme. Mais il n'en est pas tout à fait ainsi; et ce qui a été dit suffit pour prévoir, par exemple, que la pression sur un plan rectangulaire oblique au vent sera plus grande si le grand côté est horizontal que s'il est vertical. La différence des pressions totales dans ces divers cas, autrement dit la distance du centre de pression au centre de figure, n'est pas encore déterminée. Mais nous pensons, et on va en juger, que la comparaison des appareils peut être faite sans en tenir compte, parce que leurs qualités spéciales se dégagent indépendamment de cette circonstance. En outre, les recherches de construction devront tendre à annuler la distance entre les centres de pression et de figure, ce qui rapprocherait les résultats réels de ceux qui vont être calculés. En effet, l'éloignement des centres n'a que des inconvénients, car il nécessite un accroissement proportionné de surface et conséquemment de poids mort, sans procurer d'avantages. Ici, comme pour les remous d'arrière, la tendance logique n'est pas de mesurer l'obstacle pour en tenir compte, mais plutôt de l'écarter autant que possible. Nous reviendrons d'ailleurs sur les moyens pratiques d'y parvenir.

Les calculs suivants suffiront en outre à poser des limites utiles aux recherches, parce que nos hypothèses, loin d'exagérer le travail réel des appareils, ne font que l'atténuer. Par suite, si ces calculs laissent de l'incertitude sur la possibilité actuelle des appareils exigeant le moindre travail, ils permettront d'exclure sans hésitation ceux auxquels ils attribuent un travail trop grand.

Pour comparer utilement les travaux de translation des divers systèmes, il faut évidemment prendre pour base commune un même poids total des appareils et une même vitesse. Celle-ci doit être au moins égale à la vitesse d'un vent ordinaire, sans quoi on ne serait pas dans les conditions véritables de l'aéronautique, mais plutôt de l'aérostation. Nous prendrons 10 mètres par 1″ comme vitesse minima, et 1,000 kil. pour le poids total, utile et mort, des appareils.

Des expériences donnent à peu près les résultats suivants pour la valeur de p_n (*) :

Pour une vitesse du vent de	10^m par 1″,	la pression normale	par m.q.		=	13^k
—	—	15	—	—	—	= 30
—	—	20	—	—	—	= 54
—	—	30	—	—	—	= 122
—	—	45	—	—	—	= 277

D'après ces chiffres (**) et les formules indiquées plus haut, voici les résultats auxquels on parvient :

1° *Aérostat.* Un aérostat sphérique ordinaire, pesant 1,000 kil., gonflé d'hydrogène assez pur pour porter 1 kil. par mètre cube, aurait pour diamètre :

$$d = \sqrt[3]{\frac{1000^{mc} \times 6}{3,14}} = 12^m,40.$$

Le travail de translation du ballon seul, en négligeant celui de la nacelle, est

$$T = \frac{1}{2} \times \frac{3,14 \times \overline{12,40}^2}{4} \times 13^k \times 10^m = 7845^{kgm},60 = 104 \text{ chev. environ.}$$

Un aérostat oblong, à calottes hémisphériques, d'une longueur triple du diamètre, donnerait :

$$1000^{mc} = \frac{1}{6}\pi d^3 + \frac{\pi d^2}{4} 2d; \quad d = \sqrt[3]{\frac{6 \times 1000}{4 \times 3,14}} = 7^m,81$$

$$T = \frac{1}{2} \times \frac{3,14 \times \overline{7,81}^2}{4} \times 130 = 3112 \text{[illegible]} = 42 \text{ chevaux environ.}$$

(*) Il serait intéressant de déterminer si ces chiffres tiennent compte implicitement de l'aspiration causée par les remous d'air derrière le plan. En ce cas, ils seraient exacts, à cet égard, pour un plan, et forts pour les appareils ayant l'arrière en forme de poupe.

(**) Aucune des expériences faites jusqu'ici n'est pleinement satisfaisante, et il est désirable d'en voir de nouvelles. Il est néanmoins très-probable que les chiffres précédents sont assez approchés pour suffire à cette recherche.

Deux aérostats oblongs pareils, de longueur sextuple du diamètre, donneraient :

$$1000^{mc} = 2\left[\frac{\pi d^3}{6} + \frac{5\pi d^3}{4}\right] = \frac{34}{12}\pi d^3; \qquad d = \sqrt[3]{\frac{12000}{106,76}} = 4^m,83,$$

$$T = \frac{1}{2} \times \frac{\pi\ \overline{4,83}^2}{2} \times 130 = 2\,380^{kgm},71 = 31 \text{ chevaux environ.}$$

Deux aérostats, de longueur décuple du diamètre, donneraient :

$$1000 = 2\left[\frac{\pi d^3}{6} + \frac{9\pi}{4} d^3\right] = \frac{58}{12}\pi d^3, \qquad d = \sqrt[3]{\frac{12000}{58\pi}} = 4^m,03,$$

$$T = \frac{1}{2} \times \frac{\pi\ \overline{4,03}^2}{2} \times 130 = 1657^{kgm},71 = 22 \text{ chevaux environ.}$$

L'emploi de deux aérostats symétriques peut être recommandé par des motifs de construction, ainsi qu'on le verra, mais un seul donnerait moins de travail. En effet, pour un seul aérostat de longueur décuple du diamètre, on aurait :

$$d = \sqrt[3]{\frac{12\,000}{29\pi}} = 5^m,09;$$

$$T = \frac{1}{2} \times \frac{\pi\ \overline{5,09}^2}{4} \times 130 = 1321^{kgm},96 = 17,6 \text{ chevaux environ.}$$

C'est aussi la facilité de construction qui peut indiquer une calotte hémisphérique. Car si, tout en conservant le même diamètre que dans l'exemple précédent, on modifiait la longueur de façon à avoir des calottes en demi-fuseau équilatéral, le travail de translation, d'après le calcul indiqué plus haut, ne serait plus que

$$T = \frac{7}{12}\,1321,96 = 771,14^{kgm} = 10^{ch.},28.$$

Ces exemples paraissent approcher de la limite que les difficultés de construction et l'augmentation de poids mort imposeraient; en tous cas, ils suffisent pour l'indiquer.

2° *Aéroplane.* Nous supposons encore un appareil pesant en tout 1,000 kil., et se déplaçant horizontalement avec une vitesse de 10 mètres; nous négligerons, pour les motifs qui ont été dits, toute autre résistance à l'air que celle du plan aviateur.

Si l'aéroplane est fait pour avoir le minimum de poids mort, c'est-à-dire pour marcher à l'angle de 54° 44', on aura, d'après les formules données plus haut :

$$T = 1\,000 \times 10^{m} \times \frac{\sin 54^\circ 44'}{\cos 54^\circ 44'} = 14\,088^{kgm}69 = 187 \text{ chevaux environ.}$$

Cet aréoplane qui, sous l'angle de 54° 44', exige 187 chevaux de force, a pour surface aviatrice

$$S = \frac{1\,000}{13 \sin^2\alpha \cos\alpha} = \frac{1\,000}{13 \times 0{,}385} = 199^{mq}{,}98 \text{; environ 200 mètres carrés (*).}$$

Si on veut le faire marcher sous un angle de 14°, dont la tangente est $\frac{1}{4}$ environ, il faudra pour le soutenir une pression horizontale de

$$p'_u = \frac{1\,000^k}{200^{mq}\,(0{,}0568 = \sin^2 14^\circ \cos 14^\circ)} = 88^k,$$

correspondant à peu près à une vitesse de

$$v' = \sqrt[2]{10^2 \frac{88^k}{13^k}} = 26^m{,}00,$$

et le travail de translation, à cette vitesse, serait :

$$T = 26^m \times 88^k \times 200^{mq} \times (0{,}0142 = \sin^3 14^\circ) = 6497{,}92 = 86^{ch}{,}63.$$

Mais si l'on avait tout d'abord construit l'aéroplane avec une surface suffisante pour le soutenir sous l'angle de 14°, à la vitesse de 10 mètres seulement, son travail de translation à cette vitesse aurait été :

$$T = 1\,000^k \times 10^m \times \frac{\sin 14^\circ = 0{,}242}{\cos 14^\circ = 0{,}97} = 2\,494^{kgm} = 33 \text{ chevaux environ.}$$

Sa surface serait alors

$$S = \frac{1\,000^k}{13 \sin^2 14^\circ \cos 14^\circ} = 1\,354 \text{ mètres carrés environ.}$$

La décroissance de ces valeurs du travail est conforme aux formules générales précédemment indiquées.

Malgré que l'angle de 14° ne soit pas très-petit, il est clair que l'on ne saurait aller beaucoup au-dessous en pratique, à cause de l'accroissement de surface aviatrice, et par conséquent de poids, qui en résulterait. La surface de 1 354 mètres carrés est déjà considérable, et, pour être rigide, comporterait des éléments très-pesants. Ce qui précède donne donc une idée suffisante des résultats possibles.

(*) Cette surface est à peu près celle des oiseaux un mètre carré par 5 kilos, en général.

trois plans verticaux passant par les trois autres arêtes. De la sorte l'aérostat ne présentera pas de résistance propre de translation (*), c'est-à-dire que cette résistance sera entièrement utilisée pour le soutenir.

D'après les équations aéronautiques du plan aviateur (dans l'hypothèse particulière que nous avons admise, que nous avons déjà discutée au début de ce chapitre, et sur laquelle nous reviendrons encore), sa résistance à la translation dépend de sa surface et non de sa forme; mais cette forme influe beaucoup sur le cube de l'aérostat prismatique. En effet, pour un plan aviateur d'inclinaison donnée et d'une surface constante égale à nc^2, c étant la dimension horizontale et nc la dimension oblique, le cube prismatique croît avec n. Ce cube n'a pour limite que celle imposée par la construction.

Soit donc un plan aviateur dont la surface est $S = nc^2$, surmonté d'un ballon prismatique comme il vient d'être dit; soit p le poids total de l'appareil, α l'angle aviateur et d le poids soulevé par mètre cube de gaz. L'équilibre vertical de l'appareil résultera évidemment de l'équation :

$$(7) \qquad p = p_n \, nc^2 \sin^2\alpha \cos\alpha + d \, \frac{n^2}{2} c^3 \sin\alpha \cos\alpha;$$

qui revient à la forme :

$$k = bx^2 + ax^3;$$

et se résout, par la double transformation connue, en la valeur :

$$x = \sqrt[3]{\frac{k}{2a} - \frac{b^3}{27a^3} + \sqrt{\frac{k^2}{4a^2} - \frac{kb^3}{27a^4}}} + \sqrt[3]{\frac{k}{2a} - \frac{b^3}{27a^3} - \sqrt{\frac{k^2}{4a^2} - \frac{kb^3}{27a^4}}} - \frac{b}{3a}.$$

Si $p = 1000^k$, $p_n = 13^k$, $d = 1^k$, $n = 2$, $\alpha = 54^\circ\, 44'$, on obtient sensiblement :

$$500^k = 5{,}005\, c^2 + 0{,}472\, c^3 \qquad c = 7^m{,}62;$$

et on a pour le travail de l'élément porteur seul :

$$T = 2\, c^2\, (0{,}543 = \sin^3\alpha) \times 13^k \times 10^m = 8197^{kgm} = 109 \text{ chevaux environ.}$$

Si, toutes choses égales d'ailleurs, on pose $n = 4$, c'est-à-dire $S = 4\, c^2$, on a :

$$1000^k = 5{,}005 \times 4\, c^2 + 0{,}472 \times 8\, c^3 \qquad c = 5^m{,}06;$$

$$T = 4c^2 \times 0{,}543 \times 130 = 7228^{kgm} = 96 \text{ chevaux environ.}$$

Sans pousser plus loin l'accroissement de n, par suite duquel le tra-

(*) Cette assertion ne tient pas compte de l'influence de la forme de l'appareil à l'arrière, non plus que nous n'avons fait intervenir l'action de l'air à l'arrière du plan. On a vu pourquoi nous adoptions provisoirement cette simplification bien qu'elle ne soit pas rigoureuse.

vail irait en diminuant, supposons que le cube de l'aérostat prismatique soit doublé par un accroissement symétrique tel que la projection verticale opposée au vent ne change pas. L'équation devient :

$$1000 = 5{,}005 \times 4c^2 + 0{,}472 \times 16c^3 \qquad c = 4^{m},35.$$

$$T = 4c^2 \times 0{,}543 \times 130 = 5342^{kgm} = 71 \text{ chevaux environ.}$$

Comme il paraît improbable d'atteindre par cette voie un travail assez faible avant d'être arrêté par des impossibilités de construction, supposons un angle moindre.

Soit un aérostat prismatique comme le précédent, avec $\operatorname{tg} \alpha = \frac{1}{3}$; $\alpha = 18° 20'$ environ, $\sin \alpha = 0{,}314$, $\cos \alpha = 0{,}949$; il vient :

$$1000^{k} = 1{,}2155 \times 4c^2 + 0{,}298 \times 16c^3 \qquad c = 5^{m}.62;$$

$$T = 4c^2 \times 0{,}031 \times 130 = 509^{kgm},069 = 6^{ch},78.$$

Soit enfin, sans changer les autres données $S = 6c^2$ et $\operatorname{tg} \alpha = \frac{1}{4}$; $\alpha = 14°$ environ, $\sin \alpha = 0{,}242$, $\cos \alpha = 0{,}97$; on a :

$$1000^{k} = 0{,}738 \times 6c^2 + 0{,}235 \times 36c^3 \qquad c = 4^{m},74,$$

$$T = 6c^2 \times 0{,}0142 \times 130 = 248^{kgm},87 = 3^{ch},3;$$

le plan aviateur ayant une surface de $28^{m},44 \times 4{,}74 = 134^{mq},80$.

Notons que ces exemples se renferment tous dans la vitesse de 10 mètres. Ne serait-il pas possible de l'accroître sans le moindre danger ? Il en résulterait, pour le même appareil, une diminution nouvelle du travail propulseur, et par suite du poids du moteur nécessaire.

On peut se demander si cette remarque, vraie pour l'aéroplane simple, le serait aussi pour l'aéroplane *mixte*? Car, l'accroissement de vitesse impliquant une diminution d'angle, il faudrait un aérostat prismatique moindre que celui calculé plus haut pour qu'une pression en dessus de l'air ne se produisît pas lorsqu'on fermerait l'angle; par suite, le résultat final pourrait n'être pas amélioré.

Pour résoudre cette question théoriquement, il faudrait calculer α' pour un aéroplane mixte, à l'aide de l'équation (7), en se donnant v' et p_n'. Mais on obtiendrait une équation du sixième degré, complète sauf le terme en x, et difficile à résoudre. Un tâtonnement, d'ailleurs facile, pourrait être préférable.

Mais on peut obvier pratiquement à la difficulté en se réservant une certaine liberté de diminuer l'angle aviateur sans qu'une pression en dessus se produise. Voici comment : par une transformation géométrique très-simple, on peut faire que l'aérostat prismatique, au lieu d'avoir sa face supérieure horizontale comme dans les exemples précédents, ait sa face inférieure horizontale et sa face supérieure oblique, sans que son cube change ni que son centre de gravité soit reculé notablement. De la sorte, on pourra diminuer l'angle en augmentant la vitesse comme dans un aéroplane simple, sans accroître la projection verticale opposée au vent. On peut même admettre que la face inférieure fasse saillie sous l'arête inférieure primitive, ce qui n'est que favorable. On aperçoit dans quelle voie devraient être dirigées ces recherches de construction.

Ainsi, les résultats obtenus plus haut peuvent être améliorés par une augmentation de vitesse, pour un aéroplane mixte comme pour un aéroplane simple.

Voici la conclusion qui paraît ressortir des calculs précédents relativement à la comparaison entre les trois systèmes d'appareils dont il s'agit :

Pour une vitesse de 10 mètres, les aérostats de forme convenable l'emporteraient sur les aéroplanes. Si la vitesse croissait au-dessus de 10 mètres, l'avantage se rapprocherait des aéroplanes, jusqu'à la limite donnée par la résistance de leurs éléments fixes. Mais l'un et l'autre système exigerait un travail encore beaucoup trop grand pour être possible à l'aide des moteurs connus ou probables, car nos chiffres, loin d'être exagérés, sont inférieurs à ce que donnerait la pratique.

L'aéroplane mixte l'emporterait de beaucoup sur les deux autres systèmes; et même, à ne considérer que le travail de translation du plan, il paraîtrait pratiquement réalisable avec les moteurs actuels, à la condition de les faire le plus légers possible.

La comparaison peut être basée, comme elle vient de l'être, sur le travail de translation, malgré que son rapport au travail moteur ne soit pas bien connu, parce que tous les systèmes sont dans les mêmes conditions à cet égard.

Ces assertions comportent quelques développements qui seront mieux placés dans la conclusion générale de cette étude, après l'examen du vol.

III

Étude du vol.

Cette recherche a pour but de déterminer si l'aéronautique devrait emprunter au vol, soit ses principes, soit la disposition même de ses appareils. Il suffira à ce sujet d'un petit nombre d'observations principales, sans essayer une théorie complète qui serait nécessairement très-longue.

Écartons d'abord une objection. On peut se demander pourquoi la recherche n'embrasserait pas tous les appareils moteurs des animaux, ou du moins celui des poissons, car il y a une grande analogie entre la natation et le vol. — L'étude de l'appareil natatoire des poissons n'offrirait pas ici d'utilité parce qu'il rentre dans le système des aérostats simples qui est suffisamment connu. En effet, la vessie natatoire des poissons joue le rôle d'un véritable aérostat; en la contractant plus ou moins à volonté, le poisson se tient à différentes profondeurs, et le reste de son appareil est purement moteur. Les nageoires latérales et dorsale paraissent jouer le rôle de gouvernail, et n'agissent qu'exceptionnellement comme faible propulseur. L'appareil propulseur est la queue. Elle agit comme une *godille*, c'est-à-dire en substance par le mouvement oscillatoire d'un plan présentant alternativement ses deux faces obliquement à la direction de la trajectoire. Cette godille résulte d'une flexion latérale alternative de la queue. Chez les poissons plats, comme la sole et la plie, la translation est aussi obtenue par un mouvement de godille, seulement celle-ci a son plan de symétrie horizontal, au lieu de l'avoir vertical comme pour la plupart des autres poissons. Certains poissons, comme l'hippocampe et l'aiguille, peuvent avancer très-lentement par le frémissement en feston de leur longue nageoire dorsale. C'est toujours un mouvement de godille. Les « poissons chinois » ont une nageoire caudale très-curieuse; elle forme une surface tronconique à laquelle manquerait en dessous environ un quart de son étendue. La marche a toujours lieu par une action de godille, produite, non plus par le battement de toute la queue, mais par celui de la nageoire seule *concentriquement*, c'est-à-dire toutes les génératrices du cône battant vers son axe.

Bornons-nous, au sujet des poissons, à cette remarque que nous aurons lieu de répéter pour les oiseaux, c'est que les organes moteurs ont une perfection de construction extrême. Ils obéissent à la volonté instinctive avec la plus grande promptitude, non-seulement dans leur ensemble, mais dans chacune de leurs parties isolément. Ainsi, bien que les membrures latérales de la queue formant V soient le plus résistantes, le tissu intermédiaire peut se tendre plus ou moins pour presser l'eau selon la vitesse à obtenir, et même chacune de ses nervures a la faculté de se mouvoir indépendamment.

Pour indiquer ce qui nous paraît être la théorie du vol, nous exposerons successivement nos observations et les conséquences qui semblent en découler.

A moins de mention contraire, les remarques suivantes se rapporteront au vol horizontal, auquel les autres modes peuvent facilement se comparer.

Le vol est habituellement rapide; un vol à la vitesse de 10 mètres semble très-lent, et celle de 20 mètres est ordinaire. L'oiseau cherche toujours à prendre son allure la plus rapide, à moins que son trajet ne soit trop court pour le lui permettre. On remarque, en outre, que l'oiseau rapproche son axe, et pour ainsi dire son plan général, de l'horizontale à mesure que sa vitesse augmente. La seule explication tout à fait satisfaisante serait qu'en agissant ainsi l'oiseau prend la vitesse qui ménage le plus ses efforts; or, cette explication paraît certaine, puisqu'elle s'accorde à la fois avec les faits et nos calculs. Il semble évident que jusqu'à cette vitesse, sans doute la plus grande compatible avec la forme du corps (*), le travail de translation varie inversement à la vitesse, moyennant que l'oiseau maintienne (comme il le fait) son angle aviateur au minimum nécessaire pour se soutenir. Ainsi l'oiseau se comporterait comme un aéroplane, ou, plus exactement, comme une surface courbe obéissant aux mêmes lois générales, ainsi que cela est évidemment possible. Ce qui suit confirmera de plus en plus cet aperçu, et montrera de nouveaux faits semblant s'accorder avec nos calculs et leur apporter une confirmation.

On pourrait indiquer comme second motif de la rapidité du vol, que la situation paraissant la plus commode à l'oiseau, c'est d'être entièrement soutenu par la sous-pression de l'air, et que cet effet n'est obtenu qu'aux grandes vitesses. La résistance de l'air croissant à peu près comme le carré de la vitesse, on comprend qu'un moment vienne où son action aviatrice sous le corps suffise seule à le soutenir; à l'allure rapide, il paraît en être ainsi pour la plupart des oiseaux. On verra plus loin un autre motif de la rapidité du vol, c'est que l'aile ne peut fonctionner complétement qu'aux grandes vitesses. Cette troisième rai-

(*) On a vu que la forme d'un corps imposait une limite à l'application de l'équation (5), puisque celui-ci ne peut se présenter à l'air au-dessous d'un certain angle; une fois atteints cet angle et la moindre vitesse nécessaire au soutien du corps sous cet angle, le moindre travail est aussi atteint; au delà, il croîtrait avec la vitesse.

son ne peut qu'être indiquée à présent, parce que son explication dépend d'observations ultérieures.

La trajectoire du vol est droite ou courbe, mais non *festonnée*; l'œil, qui saisit de très-légères oscillations dans une ligne, n'en voit pas dans celle-ci. Il paraît nécessaire d'en conclure que l'action propre des ailes ne relève pas l'oiseau à chaque battement, que le soutien en l'air a lieu autrement, et que l'aile n'agit que comme *propulseur*. — En effet, le nombre des battements doubles des ailes variant ordinairement de 1 à 8 par 1″, la chute due à la pesanteur pendant 1/2 battement varierait, pour la vitesse de 20 mètres, de 1m,20 sur une longueur de 10 mètres, à 0m,02 sur 1m,20, ce qui ne serait pas du tout insensible. S'il s'agissait d'un battement entier, les chutes pendant sa durée seraient 4m,90 pour 1″ et 0m,076 pour 1/8 de seconde.

L'observation la plus attentive nous semble conduire à cette règle générale que *les ailes battent normalement à la direction qu'elles impriment* (*). Il faudrait en conclure que la propulsion ne résulte pas directement du battement lui-même, mais d'une autre action qui en serait la conséquence. Tout nous conduit à penser que l'aile exerce la propulsion par un mouvement de *godille*, résultant, soit de la flexion, causée par la résistance de l'air, des plumes implantées dans la membrure de l'aile, soit peut-être en même temps d'un léger pivotement de cette membrure dans l'épaule (**). Cette godille est très-puissante, car la membrure de l'aile décrivant elle-même un secteur tandis que les plumes fléchissent, celles-ci agissent comme si elles décrivaient une godille simple de très-grand rayon. En d'autres termes, la flexion des plumes ayant lieu à peu près dans le sens de la résistance de l'air, la godille est dans les mêmes conditions et a par conséquent la même puissance à chaque instant du battement. Un calcul approximatif, donné plus loin et basé sur les formules précédentes, indique que la plus grande flexion des plumes, eu égard à la résistance horizontale de l'air, ne devrait pas dépasser 10°; en effet, cet angle ne paraît pas atteint en pratique.

Sans entrer dans des détails qui dépasseraient les limites et le but de cette étude, une explication est ici nécessaire. Ce que nous venons de dire de *deux ailes* battant également et symétriquement ne serait plus vrai d'une seule aile prise à part; *une* aile ne bat pas normalement à la direction qu'elle imprime. Il serait plus exact de dire à cet égard que la

(*) Ce fait est souvent difficile à saisir, surtout chez les oiseaux qui volent avec la membrure de l'aile arquée, comme l'hirondelle, parce que l'œil confond le mouvement vrai et sa projection. Mais, une fois le fait constaté dans les cas simples, on le suit aisément dans les autres.

(**) Je mentionne, comme possible, qu'un certain pivotement de la membrure fasse partie essentielle du battement, faute d'avoir pu m'assurer qu'il n'en est pas ainsi; mais tout paraît indiquer que la godille n'est produite que par flexion de plumes. On pourra se rendre compte que la godille par pivotement serait beaucoup moins satisfaisante, et même difficile à expliquer à la descente.

propulsion, dirigée suivant le plan bissecteur du dièdre de battement, et variable en chaque point du contour de l'aile, serait normale à l'arête du dièdre suivant lequel la flexion des plumes a lieu ; cette arête ou axe de flexion est loin d'être toujours parallèle au contour de l'aile, ni surtout normale à l'axe des plumes ; elle dépend de leur structure, de leur appui mutuel et de ce qu'elles sont inégalement barbelées des deux côtés. Mais cette réserve n'infirme pas la remarque fondée sur l'action simultanée des ailes.

On peut conclure de la remarque précédente que la résultante de propulsion d'une aile étant oblique à la trajectoire, une de ses composantes lui est normale. Par suite, si une aile bat plus fort que l'autre, elle pousse l'oiseau du côté opposé. Ceci se rapporte au déplacement latéral horizontal et à la projection horizontale des forces. Si maintenant on envisage les projections verticales, on remarque que le dièdre décrit par le battement d'une aile a généralement son plan bisecteur dirigé sous l'horizontale. Or, la propulsion paraissant dirigée suivant ce plan, elle aurait une composante ascendante tendant à soutenir l'oiseau, et les deux composantes de ce genre dues aux deux ailes lui formeraient comme deux appuis obliques. Mais ce dernier effet ne nous paraît se produire notablement que dans quelques cas du vol lent où le battement descend beaucoup au-dessous de l'horizontale ; habituellement et dans le vol rapide, le dièdre du battement est assez petit et son bissecteur assez voisin de l'horizontale pour que l'action de soutien direct dont il s'agit nous paraisse insignifiante. Par conséquent, à notre avis, les remarques suivantes restent vraies en général.

On peut classer le vol horizontal en deux catégories principales : le vol *rapide*, où l'aile bat verticalement, c'est-à-dire normalement à la trajectoire ; le vol *plus ou moins lent*, où l'aile bat parallèlement à un plan oblique, c'est-à-dire obliquement à la trajectoire. La conséquence de cette distinction, jointe aux remarques précédentes, paraît être : 1° que, dans le vol *rapide* où l'aile bat verticalement, l'oiseau est entièrement porté par la sous-pression de l'air ; 2° que, dans le vol *lent* où l'aile bat obliquement, la trajectoire horizontale résulte de l'impulsion de l'aile, qui a une direction oblique ascendante, et de la pesanteur diminuée de la sous-pression de l'air.

Cette seconde observation ne s'applique exactement qu'au vol lent ordinaire, c'est-à-dire à celui que l'oiseau, pour un motif ou un autre, veut maintenir lent. Lorsque l'oiseau cherche à atteindre le plus tôt possible une grande vitesse, il semble partir plus horizontalement que sa vitesse des premiers instants ne le comporte. Dans ce cas, où l'amplitude des battements est si grande que les ailes vont souvent jusqu'à se frapper au-dessous du corps, les composantes de propulsion normales à la trajectoire, dont nous avons parlé, paraissent devoir soutenir sensiblement le corps.

Bien qu'il soit difficile de savoir si les calculs précédents approchent assez également de la limite pratique, pour les aérostats et les aéroplanes, pour établir entre eux une comparaison juste, l'avantage semble rester aux aérostats.

Mais il faut remarquer qu'il n'en est ainsi que dans les limites adoptées pour cette comparaison. Car, si l'on croyait pouvoir admettre des vitesses supérieures à 10 mètres, le travail de l'aéroplane irait en décroissant, d'après ce qu'on a vu, tandis que celui de l'aérostat, une fois atteinte la forme la plus svelte possible, irait en augmentant. Il y a donc là pour les aéroplanes une voie de perfectionnement fermée aux aérostats; mais elle a des limites, comme on va le voir.

On sait que l'équation (5) ne s'applique dans sa généralité qu'à un plan pesant, et que tout solide de forme donnée aurait par suite une limite de vitesse utile correspondant à un minimum de travail de translation. Mais, en outre, on ne tarderait pas à être arrêté par des impossibilités d'un autre genre. Pour une même vitesse, la surface nécessaire croissant inversement à l'angle, il faudrait au plan, pour assurer sa rigidité, des organes de plus en plus lourds, qui atteindraient bientôt le poids total que le plan pourrait porter, même sans les accessoires indispensables tels que nacelle et moteur. On serait arrêté pareillement dans le cas même où l'on n'assignerait aucune limite à la vitesse; car le travail résistant des éléments invariables, — tels que la nacelle, l'*épaisseur* du plan si elle n'était pas entièrement supprimée par un biseau, etc., — croissant comme le cube de la vitesse, ce travail seul en viendrait à absorber la puissance du moteur.

Pour revenir à la comparaison dont il s'agit, il reste que non-seulement l'aéroplane, mais le ballon oblong terminé en fuseau qui donne le moindre travail, nécessitent encore une force trop grande pour être pratiques, non-seulement avec les moteurs connus, mais même avec ceux que l'on peut espérer construire. D'autant plus que nos chiffres, comme on l'a vu, ne donnent que le travail de l'appareil porteur, et sont plutôt faibles qu'exagérés. Il est naturel alors de se demander s'il serait possible d'améliorer les résultats par la combinaison des aérostats et des aéroplanes. C'est ce que le calcul suivant va rechercher.

3° *Aéroplane mixte.* — Supposons un aéroplane rectangulaire portant un aérostat prismatique (*) tel que leurs projections verticales dans le sens de la marche se confondent; autrement dit un aérostat compris entre un plan horizontal passant par l'arête supérieure du plan aviateur et

(*) Il ne s'agit pas, bien entendu, d'un aérostat rigoureusement prismatique, mais assez voisin de cette forme pour approcher suffisamment des résultats calculés. Nous nous interdisons d'entrer ici dans l'examen des possibilités de construction, cherchant toutefois à ne faire que des hypothèses probables.

Aux vitesses ordinaires où l'aile bat verticalement, l'angle de battement devient assez petit, surtout chez les puissants volateurs, et assez rapproché de l'horizontale, pour que le soutien direct doive devenir nul ou insignifiant. Par conséquent, ainsi qu'il a été dit, l'oiseau paraît n'être soutenu dans ce cas que par l'action aviatrice de l'air contre la surface oblique de son corps et de ses ailes.

Si on applique à ce sujet les calculs indiqués plus haut, on reconnaît que la pression de l'air sous le corps seul de l'oiseau ne suffit pas pour le soutenir; il faut donc qu'une partie au moins de l'aile y contribue comme surface aviatrice. On verra bientôt, d'ailleurs, que l'aile se prête par sa forme à cette action, même quand elle bat verticalement.

Ces déductions paraissent devoir être exactes lors même que la base de nos calculs ne le serait pas entièrement; car, ainsi qu'on l'a vu, les corrections résultant d'une modification d'hypothèses n'auraient pour effet que de diminuer le soutien attribué à l'air.

On se rend facilement compte que l'équilibre de l'oiseau dans le vol ne tient pas seulement à ce que l'axe des ailes est situé en avant du centre de gravité, mais encore à la rigidité de l'oiseau volant et à la sûreté avec laquelle il corrige tout dérangement par un mouvement extrêmement prompt des ailes.

La puissance propulsive de l'aile croît évidemment vers son extrémité; on vient de voir, d'ailleurs, qu'une partie au moins devait servir à porter l'oiseau; il est donc probable, *à priori*, que l'extrémité de l'aile, ou aileron, exerce proprement la propulsion, et que la partie plus voisine du corps agit plutôt comme surface aviatrice.

L'étude de l'aile confirme cette prévision. A partir de l'épaule, elle se compose du bras, de l'avant-bras et de la main ou aileron. Le bras est relativement court et n'a que des plumes insignifiantes comparativement au reste de l'aile. L'avant-bras a des plumes longues et fortes, assez courbes, et comme *articulées* à leur point d'insertion, de façon à fléchir aisément, et même involontairement, semble-t-il, à la remontée, mais à résister à la descente autant que le commandent les muscles. Autrement dit, les muscles seraient placés presque uniquement pour s'opposer au relèvement des plumes. Cette disposition ne convient que pour résister à une pression en dessous, c'est-à-dire pour soutenir l'oiseau. L'aileron a des plumes au moins aussi fortes que celles de l'avant-bras, plus longues, droites, non pas articulées, mais *liées* à deux os de façon à suivre rigidement le mouvement de la membrure en résistant à peu près également dans les deux sens du battement; sauf leur jeu de plus ou moins grand déploiement dans le sens de l'extension de l'aile, elles ne peuvent que fléchir dans leur longueur. C'est tout à fait la disposition convenable pour la propulsion. On voit par là que les plumes de l'aileron sont à peu près seules propulsives. Si on examine en dessus un oiseau volant, ce fonctionnement des diverses parties de l'aile est évident. — Ainsi la disposition de l'aile est ce que l'observation générale faisait prévoir.

Ce qui vient d'être dit de la construction de l'aile paraît fournir l'explication de la rectitude de la trajectoire. D'après la disposition des plumes de l'avant-bras, et la perfection de l'action musculaire instinctive, il est probable que ces plumes résistent à la double pression de l'air, — verticale par suite du battement, et horizontale par suite de la marche, — de façon à ce que la sous-pression verticale soit toujours la même, c'est-à-dire de manière à soutenir l'oiseau *également* à chaque instant du battement (*). C'est un effet facile à concevoir; il suffit que l'instinct maintienne aux muscles une tension constante ou du moins propre à équilibrer constamment le poids. Ce résultat suppose que la vitesse soit maintenue d'ailleurs par l'action propulsive de l'aileron. Quant à celui-ci, il faut remarquer que ses plumes ne forment pas une surface normale au plan du battement, mais oblique dans un sens favorable à l'aviation, c'est-à-dire que leur extrémité baisse vers la terre. De cette disposition et de la flexion alternative de l'extrémité de ces plumes par suite du battement, il résulte que la surface aviatrice de l'aileron est beaucoup plus grande à la montée qu'à la descente. Il peut arriver en conséquence que, la pression de l'aile étant de même sens que cette action aviatrice à la descente, et de sens contraire à la montée, il y ait une compensation, même rigoureuse, par laquelle l'effet de relèvement ou d'abaissement dû au battement soit neutralisé (**). On voit par ces explications que les plumes de l'avant-bras et de l'aileron ne reçoivent pas en dessus l'action directe du courant d'air horizontal, sauf peut-être exceptionnellement, comme pour obtenir une brusque descente.

Des oiseaux étendent la membrure de l'aile en ligne droite, comme le moineau et la pie, d'autres la courbent en arc, comme l'hirondelle, le goëlan, l'épervier. Cela varie aussi chez le même oiseau selon les circonstances. On peut dire en général que la membrure droite est la position des faibles volateurs qui, n'ayant qu'une petite surface d'ailes, n'en peuvent rien perdre, et aussi celle des puissants volateurs lorsque la densité de l'air est faible. C'est ainsi que la forme de l'aile de l'hirondelle fournit une indication barométrique. La membrure arquée est la position particulière aux puissants volateurs qui, ayant une grande surface d'ailes, peuvent l'économiser, et obtiennent par la courbure une plus forte propulsion. En effet, lorsque la membrure est arquée, les

(*) Ceci ne peut avoir lieu, on le comprend, qu'aux grandes vitesses où la pression horizontale due à la translation du corps est suffisante. C'est donc un nouveau motif de la rapidité du vol.

(**) D'après M. le Dr Hureau de Villeneuve, l'anatomie de l'aile suffit pour expliquer cette action complexe; une fois donné le mouvement général de battement, les mouvements de détail s'ensuivraient forcément, comme conséquence de la disposition des muscles, indépendamment de la pression de l'air.

plumes de l'aileron se soutiennent fortement l'une l'autre et présentent plus de longueur normalement à la membrure de l'avant-bras.

Parfois l'hirondelle planant étend la membrure de l'aile en ligne droite à la fin d'une évolution, sans doute en diminuant son angle. Ne serait-ce pas qu'elle diminue ainsi le travail de translation sans changer de vitesse, et obtient par conséquent un peu plus de parcours dans la même direction sans nouvel effort? Ceci paraît encore un cas où les calculs précédents (équation (6)) s'appliqueraient au vol et en fourniraient l'explication.

Outre que l'aile peut se replier et battre, elle a la faculté de pivoter dans l'épaule. Cela permet aux ailes d'incliner leur plan sur l'axe du corps, ou pareillement ou différemment l'une de l'autre, soit dans le vol battant, soit dans le vol planant, de façon à les modifier de toutes manières. Ce nous paraît le principal moyen par lequel l'oiseau se dirige.

Il faut ajouter néanmoins un autre moyen de directic qui peut s'employer dans le vol battant ou à la rame, et dont nous avons déjà dit un mot à un autre sujet. On voit par la forme de l'aile et des plumes, ainsi que par la position de ces dernières, que la résultante de propulsion d'une aile n'est pas dirigée parallèlement à l'axe de l'oiseau, mais obliquement vers l'avant. Il suit que si une aile bat plus fort que l'autre, elle dirige l'oiseau du côté opposé à elle. Il nous semble que l'oiseau emploie ce mode de direction moins que l'autre, et surtout lorsqu'il est à court d'espace.

Excepté dans les moments de grand effort, le battement paraît compris dans un quadrant, dont le côté supérieur est dirigé au-dessus de l'horizontale, mais plus rapproché d'elle que le côté inférieur. Ce paraît être la position la plus favorable au soutien de l'oiseau par les plumes de l'avant-bras. Quant à la godille de l'aileron, elle est également efficace dans toute position. Lorsque l'oiseau est puissant volateur ou bien lancé, l'angle de battement devient beaucoup moindre; c'est le cas habituel; mais l'horizontale passant par les épaules paraît toujours comprise dans l'angle du battement. Il a déjà été signalé que les composantes de propulsion dirigées vers l'oiseau et en dessous de l'horizontale suivant la bisectrice de chaque angle de battement formaient comme deux étais soutenant le poids. Mais nous avons ajouté que cet effet n'avait généralement que fort peu d'importance, parce que dans le vol ordinaire la bisectrice de l'angle de battement est très-voisine de l'horizontale.

La queue paraît n'agir que pour modifier la surface aviatrice, principalement en étendue, parfois aussi en forme comme lorsque l'oiseau se pose.

L'oiseau *s'étend* sur l'air d'autant plus que sa vitesse est plus grande. Il ne conserve ainsi, probablement, que l'angle aviateur nécessaire pour être soutenu par l'air. D'après nos calculs, le travail de translation diminue, dans ces conditions, à mesure que la vitesse augmente, tant que l'oiseau n'a pas atteint l'angle le plus petit que sa forme comporte.

Bien que l'aile puisse battre dans un plan différent de celui normal à l'axe du corps, elle ne s'en éloigne en tout cas que très-peu. Par suite, plus le vol est lent, plus augmentent à la fois et l'angle aviateur et l'obliquité du battement de l'aile, en sorte que leurs actions de soutien croissent en même temps.

Ordinairement, du moins pour certains oiseaux, le corps paraît être sous un plan horizontal passant sur la tête, ce qui évite la pression en dessus du courant d'air. Mais il en est parfois autrement : ainsi les oies voyageant allongent le cou en avant au-dessous du plan horizontal tangent à leur dos. Le calcul expliquerait encore ce fait. L'oiseau peut trouver avantage, c'est-à-dire diminution de travail de translation, à atteindre l'angle le plus petit que la forme de son corps comporte en dessous, tout en subissant par suite une contre-pression en dessus donnant lieu à un travail résistant purement nuisible. En effet, on a en général

$$\text{Sin}^3 (\alpha + \beta) > \sin^3 \alpha + \sin^3 \beta;$$

d'où il résulte que le travail est moindre si l'oiseau se place de façon à partager l'angle de son corps en dessus et en dessous de son axe de translation. Mais comme il faut que l'oiseau soit soutenu, la limite de cette position, pour une vitesse donnée, pour son *corps* comme pour un aéroplane *mixte*, serait indiquée par l'équation

$$p = p_n (S \sin^2 \alpha \cos \alpha - S' \sin^2 \beta . \cos \beta)$$

α étant l'angle moyen du corps en dessous de l'horizontale, β l'angle en dessus, S la surface inférieure et S' la surface supérieure. Il est probable qu'il n'y a pas ici d'anomalie entre les divers oiseaux, et que chacun prend dans le grand vol sa position de moindre travail ; seulement, chez les uns le corps fait alors une saillie notable sur le plan horizontal passant par la tête, tandis que chez les autres il lui est tangent ou à peu près. On remarque que l'équation précédente admettrait une vitesse quelconque ; mais celle-ci a une limite donnée par les parties du corps dont l'angle ne change pas, et par la position extrême où l'oiseau ne serait soutenu que sur ses ailes.

On a opposé à l'assimilation de l'oiseau à un aéroplane, que l'aile n'avait pas de partie tout à fait plate. En premier lieu, ce ne serait pas une objection véritable, parce que les lois régissant l'aéronautique des plans peuvent s'appliquer à d'autres surfaces, ainsi qu'on l'a vu à la fin du premier chapitre. Un procédé moins exact paraît même suffire au genre d'examen dont il s'agit, c'est de remplacer l'aile et le corps lui-même par un *plan moyen*, dont l'angle unique et la surface donneraient le même résultat ; on en pourra juger par l'ensemble de cette étude sur le vol. En second lieu, il faut remarquer que, dans le plein vol, l'aile devient sensiblement plate; en sorte que la légère courbure des plumes paraît n'avoir pour objet que de *racheter* l'épaisseur inévitable de la membrure, et d'éviter que, dans le grand effort, l'aile ne devienne convexe en dessous. Cette observation ne s'applique qu'à la partie aviatrice de l'aile, et non aux extrémités des plumes qui se courbent notablement dans l'un et l'autre sens pour exercer la propulsion. La courbure des plumes devient trop faible en plein vol pour qu'il paraisse juste d'y voir un moyen d'abaisser sensiblement le centre de pression... On peut se demander si l'aisselle de la membrure n'a pas pour effet de retenir les remous ascendants et de les utiliser ainsi? Mais cette question dépasserait notre recherche présente.

Le nombre des battements de l'aile par 1″ varie beaucoup avec les oiseaux, mais semble à peu près constant pour le même oiseau. Nous inclinons à penser qu'il résulte des dimensions de l'aile; que la vitesse maxima des oiseaux variant peu entre eux, parce qu'elle tient aux conditions générales de l'air et à leurs formes qui ne diffèrent pas beaucoup, le nombre de battements est fonction de cette vitesse à peu près commune et des dimensions de l'aile. Ce qui varie beaucoup pour le même oiseau c'est l'amplitude du battement; elle est beaucoup plus grande au départ; en général, elle décroît à mesure que la vitesse augmente. Cela paraît avoir deux causes; d'abord, dans le vol rapide, l'oiseau rencontre à chaque instant un *nouvel air*, que son aile n'a pas encore mis en mouvement, et qui lui résiste mieux par conséquent; ensuite, le travail de translation diminue à mesure que la vitesse augmente. La seule condition essentielle en cette circonstance semblerait être que le *travail* de propulsion de l'aile égalât le travail de translation. Ce serait pour cette raison que l'aile, moyennant une surface suffisante, imprime à l'oiseau une vitesse supérieure à la sienne propre.

Le vol planant ou à la voile ne diffère pas essentiellement de l'autre, c'est toujours l'action aviatrice d'ue surface oblique au courant d'air. On le reconnaîtra par cette remarque, certaine à nos yeux, que *le vol planant n'a jamais lieu sans vitesse relative à l'air ambiant.* Lorsque la vitesse devient insuffisante, l'oiseau la rétablit par quelques battements. Il utilise aussi admirablement les courants d'air, à l'aide desquels il plane habituellement beaucoup plus longtemps sans battre qu'il ne ferait autrement. C'est surtout à l'aide des courants de toutes sortes que l'oiseau plane; quand l'air est tout à fait calme il lui faut battre très-souvent (*). Parfois l'oiseau emploie le vent pour remonter, et reprend de la vitesse en se laissant tomber obliquement. Des personnes ont pensé qu'au départ de terre l'oiseau planeur se laissait enlever à reculons en ouvrant au vent ses ailes inclinées. Voici quelle nous paraît être la vérité à cet

(*) Voir la remarquable étude de M. A. Pénaud, sur le *Vol à voiles sans battements. Aéronaute*, mars 1875, et suiv.

égard. Quand il y a un vent assez fort, il suffit à l'oiseau d'étendre ses ailes pour être soutenu; nous l'avons vu faire remarquablement à des hirondelles posées à terre. Quand le vent manque, l'oiseau planeur s'enlève en sautant et battant de l'aile comme les autres. Un oiseau peut s'enlever sans l'aide du vent et sans sauter, en battant presque horizontalement; c'est ce que fait un pigeon montant du pied d'une maison sur le toit.

Il peut répugner de croire que le vol ait jamais lieu sous l'action d'un vent à contre-sens des plumes. Pour moi, je ne l'ai jamais remarqué. Néanmoins il convient de mentionner l'hypothèse que voici : si l'oiseau planait vent-arrière en obliquant convenablement ses ailes, la membrure étant le plus bas, il serait soutenu et transporté indéfiniment sans battre, mais en perdant sur le vent. Si rien de pareil n'a jamais lieu, je ne verrais pas l'explication du fait suivant que signalent des observateurs : des oiseaux pêcheurs suivant le cours d'un fleuve à grande vitesse en planant, en ligne droite, au même niveau et sans jamais battre. Il convient d'ailleurs de faire une réserve sur l'exactitude même du fait, dont la constatation est très-difficile.

Les cerfs-volants, dont certains aviateurs ont invoqué l'exemple, sont placés dans les conditions du vol planant. C'est un plan oblique qui ne s'élève et ne se soutient que parce qu'il a une vitesse relative au vent. Si le vent est faible, l'enfant qui tient la corde du cerf-volant est obligé de courir en sens inverse; si le vent est assez fort, l'enfant n'a qu'à se tenir immobile, ce qui constitue la vitesse relative. Si on leste un cerf-volant dans une obliquité convenable et qu'on l'abandonne, il fait comme l'oiseau planant sans vitesse propre; il s'élève, mais en *perdant* au lieu de *gagner* contre le vent, relativement à son point de départ. C'est le poids du cerf-volant, comme celui de l'oiseau, qui cause leur retard sur le vent, et crée ainsi la vitesse relative.

Une particularité connue du cerf-volant présente un enseignement très-important pour l'aviation. Lorsqu'un cerf-volant, très-bien fait et équilibré, rencontre une saute-de-vent qui le met d'aplomb ou à contre-sens, il tombe comme une balle, sans que son lest parvienne en général à le redresser, parce que le cerf-volant ayant son plan vertical tombe aussi vite que le lest. Nous reviendrons sur ce point.

Le vol sur place, comme celui de l'oiseau devant son nid, paraît plus pénible qu'un autre. Pourtant le travail, qui s'exerce alors contre la pesanteur, n'est pas supérieur à celui du grand vol où la pesanteur n'intervient pas. Mais l'oiseau, luttant contre l'action incessante de la pesanteur sans vouloir osciller notablement ni acquérir de vitesse sensible, et agissant sur un air qui fuit, est forcé à des battements précipités. En outre, il n'est pas dans ses conditions normales, qui sont d'être soutenu par une action aviatrice, celle des ailes n'étant que propulsive; ici le corps *pend* sur les ailes qui exercent une traction ascendante presque verticale. Pour l'insecte au contraire, une pareille position est naturelle, ainsi qu'on va le voir.

Voici les calculs auxquels il a été fait allusion dans certaines assertions précédentes. Ils sont placés, bien entendu, sous les réserves générales faites au début au sujet des hypothèses fondamentales et des formules qui en ont été déduites; mais il est juste de remarquer qu'ils s'accordent assez bien avec l'observation.

Si l'on cherche à appliquer au travail du vol les formules précédentes, on arrive à un résultat vraisemblable, en ce sens qu'il n'attribuerait pas au vol un très-grand effort. Soit, pour se contenter d'une évaluation approximative, un pigeon de 250 grammes, dont l'angle aviateur *moyen*, ailes et corps, serait de 15° pour une vitesse de 20 mètres. Sa surface aviatrice calculée serait environ

$$S = \frac{0^{k},250}{54^{k} \sin^{2} 15^{\circ} \cos 15^{\circ}} = 0^{mq},07,$$

ce qui est à peu près conforme à la vérité. Le travail serait

$$T = 0^{mq},07 \times 54^{k} \times 20^{m} \times \overline{0,25882}^{3} = 1^{kgm},31.$$

Nous pensons qu'une évaluation plus exacte diminuerait ce résultat; supposons-le, en nombre rond, de 1 kilogrammètre.

Quelle est la vraisemblance de ce chiffre? Il semble difficile d'en raisonner, faute de termes de comparaison. Le travail de l'oiseau est un travail *total*, comprenant le transport de son propre poids, tandis que les chiffres admis pour l'homme et les animaux n'évaluent que leur travail *utile;* il n'existe pas, à notre connaissance, d'évaluation satisfaisante du travail total pour l'homme ou les animaux. Supposons, — sans entrer dans les considérations qui nous suggèrent ce chiffre, — que le travail *total* qu'un fort cheval peut soutenir huit heures par jour soit 300 kgm. par 1″. C'est à peu près la moitié de son *poids-mètre*, tandis que le travail dont nous venons de parler pour l'oiseau est quatre fois son poids-mètre. Le travail de l'oiseau serait donc *huit fois* plus grand proportionnellement que celui d'un fort cheval. Est-ce inadmissible? si l'on remarque que ce travail du cheval serait habituel, et que cet animal est mieux fait pour *porter* que pour produire ce que la mécanique appelle travail; de telle sorte qu'un animal pourrait, dans de certaines conditions, s'épuiser sans produire le moindre travail mécanique... si l'on remarque que l'oiseau, même dans ses passages, est épuisé après un vol de six à huit heures; qu'il ne porte rien que lui-même, ce qui est plus favorable; qu'il se repose peut-être en route à l'aide de courants d'air; qu'il est spécialement disposé pour la rapidité des mouvements, c'est-à-dire pour le travail à peu d'efforts; que sa température est plus élevée et sa circulation plus active que celles des mammifères?... D'un autre côté, si l'on admettait avec Coulomb que le travail sans fardeau égale le produit du poids du corps par la vitesse, on arriverait à ce résultat qu'un cheval au trottant librement fait à peu près quatre fois son poids-mètre par seconde, ce qui est précisément le travail calculé ci-dessus pour l'oiseau. Il n'y aurait plus alors de difficulté; mais cette opinion de Coulomb nous paraît sujette à objections. Du reste, nous n'avons d'autre but en ceci que d'exposer les éléments de ce travail pour qu'il puisse être discuté (*).

Après ce que nous avons dit du travail des aéroplanes simples et mixtes, on peut s'étonner que l'oiseau, qui rentre dans la catégorie des aéroplanes simples, n'ait pas un travail plus considérable. On le comprendra en remarquant que l'oiseau est construit dans des conditions de très-grande légèreté, et que presque tout chez lui constitue le *moteur*, sans qu'il y ait un *poids mort* de quelque importance (**).

Nous avons dit que l'action aviatrice du corps seul ne suffisait pas à porter l'oiseau. Soit, en effet, un pigeon de 250 grammes, un angle aviateur moyen, pour le *corps seul,* de 20°, ce qui semblerait plutôt exagéré que faible, et un maître-bau de $0^{mq},0035$. Le travail serait, à la vitesse de 20 mètres :

$$T = 0^{mq},0035 \times 54^{k} \times 20^{m} \times (0,117 = \sin^2 20°) = 0^{ksm},44.$$

D'après l'équation (2), on aurait pour le poids correspondant à ce travail

$$(0,322 = \sin 20° \times \cos 20°) \times 0^{mq},0035 \times 54^{k} = 0^{k},061,$$

laissant 189 grammes à supporter par l'action aviatrice des ailes.

Pour que la pression de l'air sous le corps seul soutînt l'oiseau, il faudrait une vitesse d'environ 35 mètres, qui ne paraît jamais atteinte.

Nous avons dit que l'angle de godille d'une aile de pigeon ne devait pas dépasser 10° avec son axe; en voici le calcul approximatif. Supposons $0^{m},25$ de rayon moyen d'aile, et 4 battements doubles par 1″ avec 45° d'amplitude au moins. La godille de l'aile parcourrait par 1″ deux circonférences, soit $3^{m},14$. Admettons, pour simplifier, que ce soit $\frac{1}{6}$ de la vitesse supposée de 20 mètres. Si l'aile godillait comme un plan rigide, par pivotement de sa membrure dans l'épaule, on aurait pour

(*) On n'a pas encore cherché le travail de l'oiseau au moyen du coefficient mécanique de la chaleur; mais cette évaluation présenterait de grandes difficultés. Il faudrait déterminer les déjections et pertes de toute nature pendant le voyage, s'assurer que l'oiseau ne mange pas en chemin, savoir s'il s'arrête, quelle somme de repos peuvent lui prêter les courants d'air.... Si l'on employait des appareils pour recueillir ses déjections ou l'empêcher de manger, savoir quelle dépense détermine chez lui la gêne et la contrariété de les subir?

(**) L'oiseau serait un moteur pesant environ 18 kil. par cheval de force.

l'équilibre entre la résistance de l'air à la translation et au battement de l'aile

$$S \times \sin^3 \alpha \times 54^k = S \times 54^k \times \frac{1}{36} \sin \alpha,$$

d'où

$$\sin \alpha = \sqrt{\frac{1}{36}} = 0{,}03 = 0{,}173 = \sin 10^\circ \text{ environ}.$$

Si l'on ne supposait que 2 battements, et $\frac{1}{10}$ pour le rapport des vitesses, on aurait $\alpha = 6^\circ$ environ. — Ce calcul n'est qu'un aperçu, et les choses se passent beaucoup plus favorablement en réalité, parce que l'extrémité des plumes est le plus flexible et exerce seule la godille. En effet, si les plumes fléchissant vers l'extrémité seule sont comprises dans un certain angle, elles battent l'air dans une direction moins oblique à la trajectoire que ne ferait un plan battant entre les côtés de cet angle. A l'extrémité de la plume, la propulsion peut même être parallèle à la trajectoire.

L'aile de la chauve-souris diffère beaucoup de celle des oiseaux, mais quelques observations permettent de penser que le principe de leur vol est le même. C'est une propulsion en godille, due à la flexion de la membrane de l'aile tandis que la membrure bat à l'avant parallèlement à un plan. Pour compenser la forme très-peu aviatrice du corps, la membrane des ailes se prolonge et se réunit au-delà, de manière à former une surface assez étendue. Aussi l'angle de battement de la chauve-souris est-il généralement petit et sa bissectrice très-voisine de l'horizontale, ce qui prouve que le battement n'est que propulseur. Celui-ci ressemble à une vibration.

Nous ne dirons que peu de mots des insectes, pour montrer l'analogie qui paraît exister entre leur vol et celui des oiseaux. Ce simple aperçu ne saurait être toujours exact sans devenir beaucoup trop long, à cause des nuances qui distinguent les insectes les plus voisins, et l'influence d'une foule de circonstances. Nous prions le lecteur de ne chercher que l'indication générale, et de suppléer lui-même par la pensée ce qui manquerait. Par exemple, ce qui suit supposera toujours un temps calme; les positions et les mouvements varient, d'une manière facile à deviner, au moindre souffle d'air. Il ne s'agira ici que des insectes ayant le vol franc, et nous laisserons de côté ceux qui l'ont irrégulier, comme les papillons. Voici les résultats d'un certain nombre d'observations.

Chez les insectes, l'action aviatrice semble insignifiante, parce que la forme de leur corps s'y prête mal, qu'habituellement leur vitesse de translation est très-faible, et qu'aux grandes vitesses le plan de l'aile paraît normal à un plan vertical. Si cette dernière remarque est juste, il faudrait admettre qu'aux grandes vitesses l'insecte est soutenu par la composante ascendante du battement dirigée suivant la bissectrice de son angle. Cette composante de soutien, qui nous a paru chez l'oiseau peu importante et d'un usage exceptionnel, semble au contraire jouer chez l'insecte un rôle considérable, comme on va le voir.

L'aile de l'insecte semble un organe purement propulseur. Elle bat parallèlement à un plan, sans qu'il paraisse y avoir de pivotement de la membrure dans l'épaule (*). L'action est celle d'une godille tout-à-fait semblable à celle de l'oiseau, résultant de la flexion, par suite de la résistance de l'air, des parties de l'aile qui en sont susceptibles. La propulsion doit être dirigée suivant le plan bissecteur de l'angle de battement, et normale en chaque point à l'axe selon lequel la bordure de l'aile fléchit.

Chez les diptères, voici comment l'aile est généralement conformée. L'ensemble est une membrane très-mince, flexible, mais réagissant contre la flexion. Il y a une membrure à l'avant, qui va en diminuant et s'étend plus ou moins vers l'extrémité de l'aile; elle se ramifie en nervures qui soutiennent l'aile diversement, laissant libre le bord où ne s'étend pas la membrure.

Chez les tétraptères ayant les quatre ailes souples, les plus petites sont placées en dessous des autres et en arrière, et ressemblent à celles des diptères. Les plus grandes ailes, membrées à l'avant comme les autres, le sont aussi en partie à l'arrière, de manière à ne laisser libre pour la flexion qu'une portion de leur contour vers l'extrémité. Cette partie flexible est d'étendue telle, que lorsque l'insecte superpose ses ailes dans une certaine situation, chaque couple d'ailes du même côté forme comme une seule grande aile, membrée à l'avant, et ayant le contour d'arrière flexible en entier.

Les quelques exemples suivants nous paraissent offrir d'eux-mêmes leur explication, et s'accorder avec les assertions générales qui précèdent.

En été, les mouches communes se livrent souvent à l'exercice que voici : sans s'éloigner beaucoup du même endroit, elles avancent en ligne droite, horizontalement et lentement, pendant un instant, puis, par un brusque crochet, vont recommencer tout près la même marche. Voici comment elles sont placées pendant cette translation lente : leur corps pend sur leurs ailes comme un enfant sur ses lisières; en plan, le battement forme deux angles symétriques assez étendus; de face, les ailes apparaissent presque dans leur vraie forme, la membrure étant en haut; de profil, la membrure étant toujours en dessus, le périmètre du battement fait à la mouche comme une grande collerette, légèrement oblique à l'horizontale, le devant étant le plus bas. De cette seule description

(*) M. Marey, dans ses remarquables expérimentations sur le vol, a constaté que l'extrémité de l'aile d'un insecte décrivait une courbe en forme de 8. C'est, en effet, la figure qui doit résulter de la flexion due au battement droit sans pivotement dont nous parlons.

nous paraît ressortir que la résultante de propulsion est presque verticale, en sorte que, composée avec le poids de l'insecte, elle a pour résultante une petite force de translation horizontale. La mouche est d'autant plus *pendante* qu'elle est plus grasse, car c'est l'abdomen qui diminue le plus par l'amaigrissement.

Semblable paraît être le vol des abeilles, bourdons et autres pareils insectes, lorsqu'ils se déplacent lentement autour des fleurs. Seulement, comme la nécessité d'en approcher les contraint à un angle de battement moins étendu, le battement doit être plus rapide par compensation, ce qui se reconnaît au son qu'il rend, tandis que le vol des mouches dont il vient d'être parlé ne s'entend pas. Dans ce cas, les tétraptères paraissent voler surtout avec leurs petites ailes. Nous reviendrons sur le vol à quatre ailes et sur les oscillations latérales.

Les hannetons et la plupart des scarabées volent de la même manière. Les élytres n'ont aucune fonction aviatrice, contrairement à ce qu'en a pensé M. Wenham (*), car ils se relèvent pendant le vol à angle droit ou même obtus avec le corps, ce qui est l'opposé de ce qui conviendrait à l'aviation; ils s'écartent dans une position fixe, seulement pour laisser les ailes libres.

Lorsque ces divers insectes accélèrent leur translation horizontale, c'est en rapprochant de l'horizontale le plan de leurs ailes, autrement dit en battant selon un plan plus voisin de la verticale. Tous leurs mouvements, si prompts et si parfaits, paraissent résulter de procédés analogues.

Examinons la translation latérale dans le cas où l'aile battant reste parallèle à une horizontale, c'est-à-dire où elle bat verticalement. Ce mouvement, si remarquable chez les insectes même diptères, paraît dû à ce qu'une aile bat plus fort que l'autre, sans doute en relevant son angle; s'il n'y avait que battement plus fort sans relèvement de l'angle, il y aurait ascension oblique. Mais, pour compenser alors la propulsion en avant que causerait la bordure postérieure de l'aile, et qui ferait tourner l'insecte, il est probable que l'aile battant plus fort s'avance en avant de l'épaule tandis que l'autre conserve sa membrure normale au corps. Cet avancement de l'aile, difficile à voir dans la translation latérale, est évident dans certains cas dont il va être parlé. Lorsque l'aile battant reste parallèle à une oblique, c'est-à-dire bat obliquement, la translation latérale s'obtient pareillement, mais l'explication se modifie un peu; c'est ce qui nous a fait distinguer les deux cas.

Il y a une petite mouche à deux ailes, jaune et noire, qui exécute les évolutions que voici. Entre des déplacements en tous sens, prompts comme l'éclair, elle reste en place tout à fait immobile, le corps entiè-

(*) *Aërial Locomotion*, from the Transactions of the Aeronautical Society of Great Britain. Cassell, Petter et Galpin.

rement horizontal, et les ailes battant verticalement. L'horizontalité du corps tient probablement à la petitesse de l'abdomen et à la position des pattes. L'angle de battement est sensiblement plus grand au-dessous de l'horizontale qu'en dessus. Les ailes sont avancées notablement en avant de l'horizontale passant par les deux épaules. Ces positions suffisent à rendre compte de l'immobilité de l'insecte; ainsi, l'avancement des ailes cause une propulsion de recul due à leur extrémité, qui neutralise la propulsion en avant de la bordure postérieure. Parfois cette mouche avance, recule, se déplace latéralement, de niveau et très-lentement. C'est par des moyens semblables à ce qui vient d'être décrit; il suffit du plus léger changement dans la direction des deux ailes, ou dans l'angle et le battement d'une seule. Une autre mouche, semblable mais plus effilée, ajoute à ces évolutions celle de pivoter lentement sur elle-même. Cet effet s'explique pareillement aux autres.

Il est remarquable que cette mouche a les ailes faites et nervées de façon à permettre une propulsion des extrémités vers l'épaule plus forte que chez la mouche commune, qui semble, en effet, en faire beaucoup moins usage. En général, lorsqu'on voit deux insectes voisins de forme obtenir le même effet par des battements différents, on peut pressentir quelle différence existe entre la forme de leur aile et la disposition de ses nervures.

On voit par ce qui précède que les diptères font toutes les évolutions des mouches à quatre ailes flexibles; mais peut-être les font-ils avec moins de fréquence et de liberté.

Lorsque les abeilles ou bourdons circulent lentement autour des fleurs, ils paraissent se soutenir par leurs petites ailes et se déplacer principalement à leur aide. Les grandes ailes, que l'on voit se diriger indépendamment, paraissent ne pas agir alors constamment, et être surtout employées à la translation latérale. Il est d'ailleurs probable que les petites ailes seules ne donneraient pas une grande vitesse; et, lorsque celle-ci s'accélère, on voit les grandes ailes seconder les autres. Peut-être arrive-t-il parfois que les rôles s'intervertissent, et que les grandes ailes s'appliquent surtout à la propulsion en avant, et les petites au déplacement latéral. Je le croirais, notamment dans le cas où un bourdon suit un train à grande vitesse, en entrant et sortant des voitures par un mouvement latéral. Peut-être aussi les quatre ailes battent-elles alors unies comme si elles n'étaient que deux. J'ai vu un petit bourdon gris planer immobile comme s'il n'avait eu que deux ailes, d'une manière entièrement semblable à celle de la mouche jaune et noire dont il a été question.

Quant aux positions d'ailes et aux battements qui donnent ces divers résultats, ils sont tout à fait analogues à ceux qui ont été décrits dans les précédents exemples.

Malgré l'imperfection de cette esquisse, il semble permis d'en conclure, en la généralisant, que le vol des insectes ne diffère pas de celui des oiseaux d'une manière essentielle; c'est-à-dire que les deux ailes agissant pareillement, battent normalement à la direction qu'elles impriment, et que la propulsion est celle d'une godille agissant suivant le plan bissecteur de l'angle de battement, et est dirigée en chaque point normalement à l'axe de flexion de la bordure de l'aile.

Ce qui précède au sujet du vol suffit pour tirer une conclusion relativement à la question particulière d'aéronautique dont il s'agit.

L'oiseau est un appareil du genre aéroplane simple, mû par une godille. L'insecte est mu et soutenu par une godille, sans que l'action aviatrice ait lieu pour lui ordinairement.

Le *principe* du vol est très-simple; c'est l'action de surfaces exerçant sur l'air une pression oblique. Ce principe, déjà utilisé dans les moulins à vent, la navigation, etc., est celui des aéroplanes et des hélices à air. L'aéronautique n'a donc pas à emprunter au vol de principe nouveau.

Mais la *pratique* du vol est très-compliquée. Il suffit de l'examiner un peu pour reconnaître qu'elle résulte d'une action très-complexe presque incessante, et que sa précision dépend étroitement de la perfection extrême de l'action musculaire instinctive. Tout appareil qui voudrait copier le vol, sans avoir la précision absolue et l'instantanéité de son action, présenterait de graves dangers. A l'égard de l'équilibre, par exemple, il est aisé de voir que le centre de gravité de l'oiseau et le centre de pression sont situés dans son corps, et que, même par un vent fait et sans remous d'air, l'oiseau serait bousculé souvent si une précision musculaire extrême ne le maintenait ou ne le remettait immédiatement en équilibre. Or, comme les moyens de la mécanique industrielle, non-seulement sont très-inférieurs à ceux des moteurs animés, mais ne peuvent espérer d'en approcher, il nous paraît que l'aéronautique devrait éviter, comme un écueil, de prendre pour type la construction même des oiseaux.

Le propulseur lui-même, la godille, ne semblerait pas à imiter; car, si les moteurs animés ont toujours des mouvements alternatifs, la rotation continue convient mieux à nos moyens. Tandis que l'accumulation de puissance vive ne se fait pas sentir probablement dans le battement de l'aile, à cause de sa précision et du mode de contraction musculaire, elle serait difficile à atténuer dans un grand appareil battant comme l'aile de l'oiseau.

L'appareil de l'oiseau étant beaucoup plus compliqué, comme construction et fonctionnement, que les autres dont il a été question, ceux-ci paraissent devoir lui être préférés.

IV

Conclusion.

Ainsi qu'on vient de le voir, l'étude du vol laisse subsister, à nos yeux, les conclusions du second chapitre.

Un appareil aéronautique semblerait devoir consister essentiellement en un *propulseur agissant horizontalement, et une surface aviatrice oblique et maintenue telle* (*), plane peut-être, que la pression horizontale de l'air élèverait et soutiendrait, d'ailleurs plus ou moins allégée par le concours d'un élément aérostatique.

Pour la vitesse de 10 mètres, la moindre qui paraisse convenir à l'aéronautique véritable, l'aéroplane mixte l'emporterait de beaucoup sur les autres systèmes.

Bien que, toutes choses égales d'ailleurs, l'aéroplane mixte soit plus léger que l'aéroplane simple, celui-ci pourrait devenir préférable à cause de sa plus grande simplicité, si l'on admettait des vitesses suffisantes pour le rendre pratique.

Si au contraire on voulait, au moins d'abord, adopter des vitesses moindres que 10 mètres, on pourrait devoir préférer l'aérostat de forme aussi svelte que possible. Mais, dans ce cas, il serait tout à fait indiqué de le faire fonctionner comme un aéroplane mixte, de la manière que voici : son cube serait un peu moins que suffisant pour soutenir l'appareil, et l'ascension aurait lieu par l'action aviatrice de l'air sous l'aérostat convenablement incliné. On pourrait éviter ainsi tout emploi de lest variable et toute émission de gaz ; l'ascension et la descente résulteraient d'une modification dans l'inclinaison de l'aérostat en fuseau.

Ces aperçus seront plus clairs après quelques remarques sur la construction. D'ailleurs l'étude détaillée de construction serait indispensable pour se prononcer avec certitude.

Il faut revenir sur une question, née fortuitement au cours de cette étude, mais trop importante pour qu'on n'en cherche pas la réponse :

(*) Le défaut principal que nous paraissent avoir les aéroplanes cités au début, c'est que l'hélice agit parallèlement au plan ; d'une part, il faut alors un moteur plus fort que celui agissant horizontalement en proportion de la cosécante de l'angle ; d'autre part rien ne garantit que le plan conserve l'angle voulu.

L'aéronautique serait-elle dès aujourd'hui possible avec les aéroplanes mixtes, seulement à l'aide des moteurs les plus légers déjà connus et sans qu'il faille en créer d'autres, à la seule condition de sacrifier l'économie à la légèreté?

La réponse serait affirmative si les aéroplanes mixtes devaient se comporter réellement ou à peu près comme il a été calculé; mais que faut-il en penser? Nous n'essaierons pas de réponse positive, parce qu'elle ne saurait être faite sans des expériences précises manquant aujourd'hui presque entièrement, et sans une étude de construction détaillée. Nous pensons toutefois que cette étude, bien faite dans la voie des aéroplanes mixtes, donnerait un appareil pratique; nous y engageons fortement ceux qui s'intéressent à l'aéronautique. En attendant, il peut être utile d'indiquer certaines probabilités, et de prévoir des remèdes au cas où la pression réelle de l'air sur de grands plans obliques différerait trop de nos résultats.

Si le centre de pression sur un plan oblique, d'une assez grande dimension verticale, était beaucoup au-dessus du centre de figure, par suite du courant d'air glissant sur le plan, il en résulterait une augmentation de surface pouvant accroître démesurément le poids de l'appareil. On y obvierait peut-être en donnant au plan une certaine convexité en dessus, telle que ses génératrices horizontales restassent droites. De la sorte, l'obliquité de la surface augmentant à mesure que la pression propre de l'air diminuerait, il pourrait en résulter une compensation maintenant le centre de pression près du centre de figure, et la surface aviatrice resterait ainsi à peu près ce que nous avons calculé. Ce moyen s'appliquerait aux aéroplanes ordinaires et mixtes. C'est une voie à explorer. Nous ne parlons pas de l'analogie qu'il y aurait entre cette disposition et la courbure des plumes de l'avant-bras, parce que celle-ci étant loin d'augmenter avec la taille de l'oiseau, et même d'être notable chez les meilleurs et les plus puissants planeurs, sa raison d'être ne paraît pas se trouver dans l'effet dont il est question; nous en avons déjà dit un mot.

Dès 1866, M. Wenham (*loc. cit.*) a signalé un autre moyen d'éviter les grandes surfaces d'aéroplanes, c'est de les remplacer par plusieurs plans de même largeur horizontale mais plus étroits, superposés à la façon des feuilles d'une jalousie. Il a obtenu ainsi une action très-puissante. Les plans peuvent être assez rapprochés sans que leurs effets se nuisent. Mais ce procédé ne conviendrait qu'aux aréoplanes simples.

La disposition de plans superposés comme les lames d'une jalousie ne s'appliquerait pas, disons-nous, aux aéroplanes mixtes, parce que évidemment le cube aérostatique serait extrêmement diminué. Si la courbure du plan unique dont il vient d'être parlé n'était pas un correctif suffisant, peut-être que la disposition suivante réussirait; ce serait de construire l'aéroplane mixte comme coupé par des plans horizontaux en plusieurs tranches, maintenues à une certaine distance verticale les unes des autres, de telle sorte que leur face aviatrice correspondît à un même plan. De la sorte, le cube ne serait pas diminué théoriquement, bien que chaque face aviatrice fût réduite dans le sens vertical à ce qu'aurait fixé l'expérience. Ceci n'est, bien entendu, qu'une indication que l'étude de construction pourrait modifier. Il est probable qu'une faible distance verticale entre les aérostats partiels suffirait, car on remarque que des oiseaux peuvent planer très-près les uns au-dessous des autres sans se gêner. (Wenham, *loc. cit.*)

Des personnes citent l'exemple des oiseaux pour prouver que le déplacement du centre de pression est notable jusque sur de petites surfaces; mais cette induction serait inexacte. On se fonde, en effet, sur ce que, pour une surface d'ailes à peu près constante relativement au poids parmi les divers oiseaux ($0^{mq},20$ par kil.), les bons volateurs ont l'aile beaucoup plus étroite que les autres relativement à sa longueur; ainsi, tandis que l'aile du pigeon est à peu près deux ou trois fois plus longue que large, celle de l'albatros l'est environ douze fois plus. Mais cette loi de la forme de l'aile se retrouve chez tous les oiseaux, du plus petit au plus grand, de l'hirondelle à l'albatros et au pélican; si l'aile de l'hirondelle était ainsi effilée pour obvier à l'amoindrissement de pression de l'air vers son bord inférieur, que penser à cet égard d'une aile d'albatros ayant 30 à 40 centimètres dans sa plus grande largeur? Évidemment, il doit y avoir une toute autre cause, qui nous paraît être celle-ci: les bons volateurs, ou plus exactement les oiseaux planeurs, font un très-grand usage des courants d'air et surtout des remous, comme M. Pénaud l'a remarquablement expliqué (*loc. cit.*); c'est pour profiter des remous que leurs ailes seraient ainsi effilées; la même proportion à peu près conviendrait aux plus petits planeurs comme aux plus gros, parce que chacun utiliserait, pour ainsi dire, les remous proportionnés à sa taille. D'ailleurs, la plus grande longueur relative de l'aile permet aux planeurs de renouveler leur vitesse par un plus petit battement qui altère moins l'économie du vol planant.

Une réserve particulière doit être faite au sujet de la possibilité pratique. Le travail de $3^{ch},3$ calculé plus haut est le travail de translation. Or, on ne connaît pas aujourd'hui de relation certaine entre le travail moteur d'une hélice normalement à son axe et le travail propulseur qu'elle développe parallèlement à lui. Ce que l'on sait par expérience seule pour les hélices marines, c'est qu'un bateau de forme et de vitesse données demande telle force de machine et telle hélice (*); mais on ne connaît pas la résistance de translation elle-même. M. l'amiral Paris cite quelques exemples où le rapport des travaux varie de 0,66 à 0,77;

(*) On évalue la force de machine nécessaire au moyen de la formule $T = \frac{A.S^3}{c}$. T est la force de la machine en chevaux, A la maîtresse section en pieds, S la vitesse en milles par heure, c un coefficient variable observé sur un grand nombre d'exemples.

mais il ne paraît pas possible d'en tirer de règle générale. Les résultats calculés plus haut atteignent donc un point encore inconnu, et le chiffre de 3^{ch},3 fût-il pratiquement exact, qu'on n'en pourrait pas conclure absolument aujourd'hui la force du moteur nécessaire. Si néanmoins nous en avons tiré une espérance, c'est en regardant comme probable, d'après les chiffres précédents, que les deux sortes de travail différeraient peu. Quant à la recherche de leur rapport théorique, c'est une question compliquée qui doit être traitée à part.

C'est ici le lieu de faire une remarque sur la probabilité qu'il y aurait à ce que l'homme pût voler à l'aide de simples appendices et sans le secours d'un moteur. Le vol n'est pas seulement une question de force, mais principalement de rapidité dans les mouvements. Il n'est pas invraisemblable que l'homme soit aussi fort qu'un pigeon proportionnellement à son poids, c'est-à-dire 280 fois plus fort qu'un pigeon. Mais l'homme, avec toute sa force, ne ferait peut-être pas pendant une minute, sans l'aide d'un appareil multiplicateur de vitesse, les battements nécessaires pour soutenir un moineau ; la rapidité du mouvement l'épuise, parce qu'il n'est pas constitué pour cela. Il faudrait à l'homme pour voler des appareils multiplicateurs de la vitesse de ses mouvements; or, comme cette multiplication diminue la force, non-seulement par les résistances passives, mais proportionnellement à la vitesse obtenue, il est probable que la force réellement disponible ne serait plus suffisante. Ce qui permet le vol aux oiseaux, c'est moins la vigueur qu'une aptitude constitutionnelle à la rapidité. On peut objecter que certains grands oiseaux volent très-lentement, avec un nombre de battements presque accessible à l'homme. Cela est vrai. Néanmoins leurs battements, parfois, ont encore besoin d'être rapides ; et, d'ailleurs, il y aurait probablement beaucoup de force absorbée par l'appareil capable de concentrer vers le battement la puissance musculaire de l'homme, qui est disséminée en beaucoup de points du corps, en raison des fonctions toutes différentes auxquelles celui-ci est destiné.

Nous nous sommes abstenus jusqu'ici de parler de la construction, qui réclame à elle seule une étude approfondie; mais quelques mots à cet égard seront utiles pour fixer les idées et montrer certaines difficultés.

Au point de vue restreint où cette étude s'était placée, nous n'avons pas fait intervenir l'effet de la forme de l'appareil à l'arrière. Mais on sait quelle en est l'importance, que nous avons déjà signalée. Cette forme a été étudiée pour les bateaux, et celle de tous les animaux allant vite, oiseaux et poissons, prouve qu'elle ne saurait être négligée. Il conviendra donc de disposer en conséquence, tant la nacelle que les appareils porteurs. La vraie solution à donner à la question des remous à l'arrière, c'est de les supprimer; sinon, ils s'ajouteraient aux autres résistances. Les aéroplanes mixtes se prêteraient à cette exigence à peu près aussi facilement que les aérostats effilés, tandis que ce semblerait difficile aux aéroplanes simples. C'est peut-être un nouveau motif d'infériorité à signaler chez eux.

Si l'on faisait travailler les aérostats allongés à la manière d'aéroplanes mixtes, comme nous croyons qu'il le faudrait, leur puissance aviatrice serait moindre que celle du plan passant par leur grand axe; elle subirait un coefficient de réduction résultant de la forme cylindrique. Cette considération, jointe à celle qui précède et aux convenances de la construction, fera peut-être converger les aérostats oblongs et les aéroplanes mixtes vers la forme du demi-fuseau (coupé par un plan selon l'axe), ou du segment cylindrique.

Si l'appareil aérostatique ou aviateur était placé comme les ballons ordinaires relativement à la nacelle portant le propulseur, *la nacelle traînerait le ballon*, ce qui causerait une dénivellation gênante, croissant avec la vitesse, sinon un tangage dangereux. On peut même dire que, sauf le poids de la nacelle faisant lest, le système où l'axe de propulsion ne correspondrait pas avec l'axe de résistance de translation, se renverserait. Cette disposition serait donc mauvaise en tout cas; elle le serait surtout pour les aéroplanes qui ont besoin d'une résistance horizontale notable. D'ailleurs, l'action aviatrice exigeant que l'angle de l'appareil, aérostat effilé ou aéroplane, puisse être maintenu fixe et commandé, il faut une liaison rigide entre cet appareil et la nacelle portant le moteur; avec la disposition habituelle, cette liaison et les transmissions seraient très-pesantes. Ces diverses considérations concourent à suggérer de composer l'élément porteur de deux appareils semblables, placés symétriquement des deux côtés de la nacelle comme les tambours d'un bateau à vapeur. Ils seraient reliés à elle de la manière la plus directe et la plus simple par un axe transversal portant sur ses bords, auquel ils seraient fixés et dont la rotation ferait varier l'angle aviateur. L'axe de l'hélice reposerait également sur la nacelle, normalement à l'axe des porteurs et dans le même plan. Ainsi le centre de pression résistante et celui de propulsion seraient dans le plan supérieur de la nacelle. Quant à l'équilibre de cet appareil, assez instable par lui-même, on va voir comment il pourrait être obtenu.

Un des points les plus importants serait d'assurer l'équilibre de l'appareil, très-instable parce que les résultantes de pression, disposées comme il vient d'être dit, passeraient près du centre de gravité; il n'aurait pas la précision merveilleuse de l'oiseau pour conserver sans lest son équilibre. Le moyen le plus simple et le plus efficace peut-être serait de placer assez bas au-dessous de la nacelle un poids comparativement léger relié rigidement à elle; son moment, relativement à la verticale passant par le centre de pression, s'opposerait au renversement. Pour diminuer la résistance de ce poids à l'air, on pourrait lui donner la forme lenticulaire. Afin de permettre à l'appareil de poser à terre, le poids faisant lest pourrait être relié à la nacelle, soit par un ensemble rigide pliant à charnière sous elle, et se fixant à volonté dans la verticale par des haubans normaux à la charnière; soit par une tige verticale rigide traversant la nacelle dans une gaine, et assurée, lorsque le poids serait descendu, par des haubans symétriques.

On peut toutefois prévoir une saute de vent assez forte pour rendre le plan aviateur vertical. Alors, l'appareil ne tomberait-il pas avec une vitesse à peu près égale en chacune de ses parties? le poids-lest opérerait-il le redressement, du moins assez vite pour prévenir une grande vitesse de chute capable de briser l'appareil lors du rétablissement de l'équilibre? Cette objection, possible pour l'aéroplane simple, du moins en principe, paraît inadmissible pour l'aéroplane mixte, parce que son aérostat serait assez léger relativement pour assurer un redressement presque immédiat.

Les appareils que nous supposons, surtout ceux où l'action aviatrice est importante, ne se soutenant en l'air qu'à une certaine vitesse, il faut se préoccuper de la descente. En général, l'ascension et la descente lente pourraient s'obtenir par des variations d'angle aviateur ou de vitesse; le moteur devrait disposer d'un excès de force à cet effet. Mais si le moteur venait à faire défaut, le plan aviateur, même placé horizontalement, serait-il un parachute suffisant? Il paraît facile de se protéger à cet égard : par exemple, deux voiles horizontales rectangulaires, attachées par un de leurs côtés, soit à des tringles fixes, soit à l'arête supérieure de chaque tambour, seraient reliées entre elles au milieu par une corde en lacet; de la sorte, elles n'offriraient pas de résistance à la marche à cause de leur horizontalité, et seraient un parachute toujours prêt, leur intervalle médian laissant échapper l'air comme cela doit avoir lieu pour un bon fonctionnement de cet appareil.

L'avant de la nacelle devrait être taillé en clipper aigu, pour diminuer sa résistance à l'air; à moins qu'on ne pût le disposer en toue, son fond étant alors utilisé comme surface aviatrice. Quant à l'arrière, il devrait, comme on l'a vu, avoir une forme de poupe propre à éviter les remous. Il est probable qu'on serait amené à faire la nacelle symétrique, et peut-être aussi tout l'appareil.

Pour faciliter le départ, on pourrait monter l'appareil sur des roulettes analogues à celles du système du Temple. Un champ assez long serait nécessaire, car l'ascension aurait lieu obliquement.

Un seul gouvernail vertical comme celui des bateaux suffirait peut-être. Un gouvernail à charnière horizontale, agissant par ses deux faces, pourrait être utile, au moins pour maintenir l'horizontalité de l'appareil lorsque son chargement de départ serait déplacé en marche. Mais toutes ces actions directrices accroissant le travail et le poids mort, il faudrait les ménager le plus possible.

Il serait bien prématuré d'étudier la navigation, mais quelques remarques en feront pressentir les ressources. Par un vent arrière suffisant, un simple aéroplane en renversant son angle serait soutenu et poussé par le vent. Par un temps calme ou un vent de bout, l'appareil fonctionnerait dans ses conditions normales; la vitesse relative au vent devrait être la vitesse normale de marche, la vitesse absolue étant la différence entre celle du vent et celle de l'appareil. Si le vent de bout dépassait la vitesse propre maxima de l'appareil, en sorte que celui-ci ne pût gagner contre le vent, il y aurait néanmoins une façon de l'attaquer avec succès; ce serait en suspendant toute action du moteur et fonctionnant de la manière suivante : ouvrir l'angle au maximum convenable pour s'élever en reculant; puis fermer l'angle au plus près sous l'horizontale, pour redescendre lentement en gagnant contre le vent par suite de la résistance de l'air à la descente. Par ce procédé, avec un vent établi assez fort, un aéroplane pourrait s'élever de terre et marcher indéfiniment contre le vent, *sans moteur*. C'est à peu près ce que font les oiseaux lorsqu'ils planent sans reprendre de vitesse propre; seulement leur évolution est plus compliquée.

Paris. — Imp. VIÉVILLE et CAPIOMONT, rue des Poitevins, 6.
Imprimeurs de la Société des Ingénieurs civils.

www.ingramcontent.com/pod-product-compliance
Ingram Content Group UK Ltd.
Pitfield, Milton Keynes, MK11 3LW, UK
UKHW020216200726
13856UKWH00004B/1430

9 782013 280594